Elena Zurisadai Cantón Anduze
Roger Iván Méndez Novelo
Elizabeth del Rosario Vázquez Borges

OPTIMIZACIÓN DEL PROCESO FENTON PARA TRATAMIENTO DE LIXIVIADOS

Elena Zurisadai Cantón Anduze
Roger Iván Méndez Novelo
Elizabeth del Rosario Vázquez Borges

OPTIMIZACIÓN DEL PROCESO FENTON PARA TRATAMIENTO DE LIXIVIADOS

Editorial Académica Española

Imprint

Any brand names and product names mentioned in this book are subject to trademark, brand or patent protection and are trademarks or registered trademarks of their respective holders. The use of brand names, product names, common names, trade names, product descriptions etc. even without a particular marking in this work is in no way to be construed to mean that such names may be regarded as unrestricted in respect of trademark and brand protection legislation and could thus be used by anyone.

Cover image: www.ingimage.com

Publisher:
Editorial Académica Española
is a trademark of
Dodo Books Indian Ocean Ltd. and OmniScriptum S.R.L publishing group

120 High Road, East Finchley, London, N2 9ED, United Kingdom
Str. Armeneasca 28/1, office 1, Chisinau MD-2012, Republic of Moldova, Europe
Printed at: see last page
ISBN: 978-613-9-40854-2

"OPTIMIZACIÓN DEL PROCESO FENTON POR ETAPAS PARA TRATAMIENTO DE LIXIVIADOS"

CONTENIDO

Optimización del proceso Fenton por etapas para tratamiento de lixiviados

Resumen

La eliminación de los residuos sólidos urbanos en los rellenos sanitarios es un método muy extendido en la mayoría de los países. Después de su disposición los residuos se degradan generando lixiviados como uno de los subproductos resultantes. Estos lixiviados presentan una composición compleja, alta carga orgánica y sustancias húmicas y fúlvicas las cuales son recalcitrantes a la degradación lo que causa dudas ambientales por los impactos que pudieran ocasionar en el medio ambiente acuático. En el presente estudio se determinaron las dosis y condiciones óptimas del proceso Fenton por etapas y se evaluó el desempeño del proceso teniendo como indicadores la reducción de color y DQO analizada al inicio y al final de cada etapa Fenton.

Las remociones de DQO, DBO_5 y color con el proceso Fenton alcanzaron 95.12 %, 80 % y 99.3 % respectivamente en la etapa 3 y bajo las condiciones óptimas encontradas.

Fueron identificados 27 especies de compuestos orgánicos en el lixiviado crudo y algunos compuestos identificados pertenecen a la lista negra de contaminantes ambientales controlados por la EPA en EE. UU y China.

Las especies de alcanos, alquenos, alcoholes cíclicos, alquilamina acíclica, HC aromáticos o policíclicos, cetonas, materia orgánica con anillos de benceno, y todas las macromoléculas orgánicas complejas presentes en el LC fueron removidas por completo en la ET3 bajo las condiciones óptimas. Mientras que las especies FAME's de cadena sencilla quedaron refractantes en el lixiviado final, los cuales no aparecen como compuestos tóxicos en las listas de la EPA. El H_2O_2 residual disminuyo secuencialmente en cada etapa. El IB aumentó considerablemente a un valor de 0.48 siendo apta la aplicación de un postratamiento biológico.

Introducción

El relleno sanitario es el método más usado de disposición de residuos sólidos debido a las grandes ventajas que presenta para disminuir los impactos ambientales negativos que los residuos producen. Sin embargo, la descomposición de los residuos dentro de los rellenos genera subproductos contaminantes que ponen en riesgo al ambiente. Uno de los residuos más importantes generados en los rellenos sanitarios son los lixiviados que proceden de la descomposición de la materia orgánica y de la precipitación pluvial que percola por los estratos del relleno sanitario. Estos son considerados peligrosos por la elevada carga orgánica que poseen, así como metales pesados y sustancias tóxicas en general (Wiszniowski *et al.,* 2006). Sin embargo, por el agua proveniente de las precipitaciones pluviales y la propia humedad de los residuos en proceso de estabilización se forman lixiviados tóxicos que en caso de fugarse contribuyen a la contaminación del suelo y el agua (Clarke *et al.* 2015).

En la ciudad de Mérida, Yucatán, los residuos sólidos se disponen en el relleno sanitario ubicado en la comisaría de Susulá. Aquí los lixiviados de diferentes edades se almacenan en lagunas de oxidación, además de la recirculación como parte del manejo dentro del relleno ocasionan que el lixiviado tenga una composición muy variada y por ende, difícil de tratar. Aunado a ello, la geología cárstica de la Península de Yucatán atribuye propiedades altamente permeables haciendo al acuífero altamente vulnerable a la exposición de estos lixiviados. Por ello se han sometido a diferentes tratamientos tanto biológicos, fisicoquímicos o una combinación de ellos. Sin embargo, debido a sus características particulares como una composición variable y un bajo índice de biodegradabilidad no son susceptibles a la aplicación de tratamientos biológicos. Los lixiviados estabilizados muestran las menores propiedades de biodegradabilidad con un índice de biodegradabilidad (IB) debajo de 0.1 (Kang *et al.,* 2002; Rivas *et al.,* 2005).

Para el tratamiento de estos lixiviados complejos y estabilizados se ha probado efectivamente el proceso de oxidación avanzada Fenton. Su efectividad radica en sus reactivos que producen radicales altamente reactivos del hidroxilo ($\bullet OH$) que son capaces de oxidar la materia orgánica en condiciones ácidas, usando peróxido de hidrógeno (H_2O_2) catalizado con un metal de transición, generalmente hierro (Méndez *et al.,* 2010). El costo-beneficio ha popularizado este método tratando de mejorarlo para lograr la mayor remoción de contaminantes que no han podido ser removidos por otros métodos. Además, el costo podría reducirse, siempre que los reactivos de Fenton se agreguen paso a paso (Yoo *et al.,* 2001).

En la literatura el proceso Fenton ha sido aplicado a lixiviados de rellenos sanitarios de diferentes partes del mundo alcanzado eficiencias de remoción altas (>60% medida como DQO). En Italia, López *et al.* (2004) reportaron eficiencias de remoción del 60% en base a la Demanda Química de Oxígeno (DQO). En Delaware, USA, Zhang *et al.* (2005) obtuvieron una eficiencia de remoción de DQO de 61.33 %. También comprobaron que la adición del reactivo Fenton en etapas mejora esta eficiencia de remoción, aunque aumenta la eficiencia en mayor proporción por la adición por etapas del H_2O_2 y Fe^{2+} que solamente la adición por etapas del H_2O_2. Mahmud *et al.* (2011) reportó un incremento del 11% de remoción al aplicarle una segunda etapa de Fenton al lixiviado tratado.

Algunos resultados del Fenton convencional aplicado en el relleno sanitario de Mérida fueron publicados por García *et al.* (2010), en dónde los valores óptimos de reactivo Fenton y pH obtuvieron una eficiencia de remoción del 77.40%, en base a la DQO, similar al que ha sido reportado por otros autores en esta agua residual (Escalante, 2018; May 2017; Pietrogiovanna, 2009; San Pedro, 2015). Escalante (2018) realizó 2 etapas posteriores al Fenton convencional (1 etapa) lo cual incrementó la remoción un 12.55%. La remoción adicional que aporta la segunda etapa fue de 8.82% y la tercera etapa 3.73%. La disminución de remoción adicional puede ser explicado considerando que la mayor remoción obtenida durante la primera etapa es debida a la mineralización de la materia orgánica fácilmente oxidable mientras que las sustancias más recalcitrantes permanecen en las etapas posteriores y, aunque pueden ser oxidadas, no son mineralizadas por completo (Carra *et al.*, 2014; Escalante, 2018). Los resultados presentaron mayores eficiencias de remoción de materia orgánica al aplicar las dosis del reactivo Fenton por etapas o dosificándolo paso a paso (Yoo *et al.*, 2001) por lo que este proceso del Fenton en etapas debe ser mejorado y optimizado para lograr mejores características de biodegradailidad y mayores porcentajes de remoción de DQO.

En este estudio se tratará el efluente del proceso Fenton convencional (una etapa) y será sometido a una segunda y tercera etapa variando las dosis de reactivo Fenton y las condiciones para alcanzar las relaciones y condiciones óptimas respectivas de cada etapa de tratamiento. La necesidad de la optimización de las dosis se requiere debido a que el aumento de la cantidad de los reactivos utilizados puede mejorar la eficiencia de degradación de la materia orgánica, sin embargo, también puede tener un efecto negativo si se sobredifica (Bendouz *et al.*, 2017). Por lo tanto, la relación molar $[H_2O_2]$ / $[Fe^{2+}]$ debe optimizarse, así como los factores que afectan la reacción. Además, se considera necesario hacer el proceso por etapas debido a que efluente tratado con Fenton convencional aun contiene sustancias remanentes que fueron recalcitrantes del efluente original, indicando que no fueron mineralizadas por completo y que por lo tanto requieren de un mayor tratamiento para cumplir con los dispuesto en la normatividad aplicable a descarga de aguas residuales.

En el presente estudio se plantearon los siguientes objetivos:

Objetivo general: Establecer las dosis y condiciones óptimas del proceso Fenton por etapas para aumentar la remoción de materia orgánica en lixiviados del relleno sanitario de Mérida.

Objetivos específicos:

- Analizar las características fisicoquímicas de los lixiviados antes y después del tratamiento Fenton en etapas.
- Determinar las dosis y condiciones óptimas del proceso de oxidación avanzada (tiempo de contacto, valores de pH y [DQO/H_2O_2], [H_2O_2/Fe^{2+}]) en cada etapa por medio de los parámetros de control del sistema (DQO y color) para mejorar la efectividad de remoción de la materia orgánica del proceso Fenton en etapas.

Marco teórico

México, al igual que otros países, está enfrentando retos con el manejo de sus residuos urbanos. El aumento es debido principalmente al crecimiento demográfico e industrial del país, los cambios en los hábitos de consumo de la población, el aumento de los niveles de bienestar y el desplazamiento de la población rural hacia las áreas urbanas. El método común para la disposición de residuos es a través de rellenos sanitarios. Sin embargo, estos producen lixiviados, residuos considerados peligrosos (NOM-052-SEMARNAT-2005). Por ello, el tratamiento de los lixiviados es uno de los desafíos más críticos para el desarrollo sostenible de las sociedades actuales (Deng y Englehardt 2006).

En los estudios realizados en el relleno sanitario de Mérida, Yucatán se obtuvieron los resultados que indican que el lixiviado crudo está estabilizado con un IB muy bajo en un rango de 0.07- 0.083 (García *et al.*, 2010; Méndez *et al.*, 2010; San Pedro *et al.*, 2015; Escalante *et al.*, 2018). Estos resultados indican que un tratamiento biológico no sería apto para este lixiviado.

Como tecnología de oxidación avanzada, el proceso de Fenton ha ganado cada vez más atención para tratamiento de los lixiviados y se emplea más fácilmente para tratar aguas residuales industriales, incluido el lixiviado de vertederos (Zhang *et al.*, 2005), porque es más económico y fácil de operar en comparación con otras tecnologías de oxidación como O_3 / H_2O_2. Además, el proceso Fenton ha demostrado ser particularmente apropiado para lixiviados maduros y altamente tóxicos (Deng y Englehardt 2006) como el que presenta el lixiviado del relleno sanitario de Mérida, Yucatán.

La aplicación del Fenton convencional (una etapa) al lixiviado del relleno sanitario ha logrado remociones de la DQO del 75% aproximadamente (García *et al.*, 2010; San Pedro *et al.*, 2015; Escalante *et al.*, 2018). Sin embargo, valores de la DQO no son los apropiados para una descarga segura de acuerdo con la normatividad vigente (NOM-001-SEMARNAT-1996).

Algunos de los conceptos y procesos importantes que suceden en el relleno sanitario y en los lixiviados se describirán en este apartado. También se abordará la eficiencia encontrada en los estudios realizados referente a la aplicación del proceso Fenton convencional y modificación de este proceso en dosificaciones y etapas posteriores para el tratamiento de los lixiviados de vertederos.

Residuos sólidos

Los procesos productivos y de consumo originan diferentes tipos de desechos que poseen propiedades físicas y químicas muy heterogéneas. Según Pichtel (2005) una completa clasificación de residuos incluye: municipales, peligrosos, industriales, médicos, universales, de la construcción y demolición, radioactivos, de la minería, de la agricultura.

Se entiende por residuo sólido cualquier material desechado que pueda o no tener utilidad alguna. En la Ley General del Equilibrio Ecológico y Protección al Ambiente (LGEEPA), se define como: *Cualquier material generado en los procesos de extracción, beneficio, transformación, producción, consumo, utilización, control o tratamiento cuya calidad no permita usarlo nuevamente en el proceso que lo generó.*

Los Residuos Sólidos Urbanos (RSU) se generan en las casas habitación, resultantes de la eliminación de materiales utilizados en actividades domésticas. La generación de RSU continúa creciendo en términos per cápita y de producción total (Renou *et al.* 2008), mientras que la disposición de estos es uno de los temas más controversiales con los que se enfrentan los gobiernos locales en la mayoría de las naciones tecnológicamente desarrolladas.

Los desechos domésticos representan casi dos terceras partes de los residuos sólidos municipales (RSM). Internacionalmente, casi el 70% de los RSM son dispuestos en el relleno sanitario. A diferencia de los residuos originados por las fuentes industriales, las sustancias peligrosas en los desechos domésticos no son estrictamente controladas bajo las regulaciones de residuos peligrosos (Slack, Gronow y Voulvoulis 2005).

Desde hace algún tiempo México es uno de los grandes generadores de RSU en el mundo con una generación de 5.3 millones t/año (SEMARNAT, 2015) lo que representó un aumento del 61.2% con respecto a 2003 (10.24 millones de t más generadas en ese período). Si se expresa por habitante, alcanzó 1.2 kilogramos en promedio diariamente en el mismo año. Va desde 0.4 kg en zonas rurales, hasta cerca de 1.5 kg en zonas metropolitanas debido a sus diferencias en hábitos de consumo (SEMARNAT, 2012).

México es un país con amplia diversidad, tanto biológica como climática y geográfica lo cual se ve reflejado en los hábitos de consumo y de generación del tipo de residuo que es producido.
La generación de residuos está íntimamente ligada al proceso de urbanización. En general se reconoce que éste se acompaña por un mayor incremento del poder adquisitivo de la población que conlleva a estándares de vida con altos niveles de consumo de bienes y servicios, lo que produce un mayor volumen de residuos. Por el contrario, en las comunidades pequeñas o rurales, los habitantes basan principalmente su consumo en productos menos manufacturados que, por lo general, carecen de materiales que terminan como residuos (SEMARNAT, 2015).
En Yucatán se ha modificado en los últimos años de manera sustancial la cantidad y composición de los RSU, ya que su generación aumentó de 0.3 kg por habitante por día, en la década de los cincuentas, a más de 0.86 kg, en promedio (SDS, 2019) asimismo la población se incrementó en el mismo periodo. En cuatro décadas, la generación se incrementó y sus características se transformaron de materiales mayoritariamente orgánicos a elementos cuya descomposición es lenta y requieren de procesos físicos, biológicos o químicos complementarios para procesarse. La generación de RSU en el estado por día, es de 2, 475 toneladas, de las cuales tan sólo en la capital se genera el 51 % equivalente a 1, 265 toneladas.

La generación per cápita específicamente en Mérida es de 1. 268 kilogramos por habitante por día y a nivel promedio estatal es de 0.881 kilogramos por habitante por día (SDS, 2021).

Las principales fuentes generadoras de RSM en Mérida y su participación en la generación global se pueden apreciar en la Tabla 1 y el porcentaje de caracterización se presenta en la Tabla 2 (SEDUMA, 2009-2012).

Tabla 1. Fuentes generadoras de RSM

Fuente Generadora	% generación
Domicilios	48
Comercios	28
Servicios	11
Generadores especiales	3
Áreas públicas	7
Otras fuentes	3
Total	100

Tabla 2. Porcentaje de caracterización

Material	%
Metal	8.0
Vidrio	7.0
Plástico	8.0
Residuos de jardín	17.6
Papel	40.4
Residuos de comida	7.4
Otros	11.6

Disposición final

El destino final de los RSU en la mayoría de los países en desarrollo son los tiraderos a cielo abierto, incineración y rellenos sanitarios frecuentemente manejados o diseñados de forma incorrecta o que han llegado a su capacidad máxima (Renou *et al.*, 2008).

Por otra parte, los residuos domésticos constituyen casi dos terceras partes de los residuos sólidos de los cuales la mayoría son depositados en los rellenos sanitarios a nivel internacional (Slack *et al.*, 2004).

En México al cierre de 2018, 2,269 municipios contaron con servicio de recolección de RSU. De los 188 que no contaron con dicho servicio, 142 reportaron que la principal práctica de la población para deshacerse de los residuos fue quemarlos, 119 lo depositan en un tiradero a cielo abierto y 71 se entierran, 13 lo tiran en una barranca o grieta, 3 lo tiran al río y 18 tienen otras prácticas para deshacerse de los residuos (INEGI, 2018).

Relleno sanitario

Los rellenos sanitarios constituyen el método más común para el confinamiento de los RSM debido a su bajo costo de operación y mantenimiento (Diamadopoulos, 1994). En estos sistemas los residuos se esparcen en pequeñas capas, compactándolos al menor volumen práctico y cubriéndolos con tierra al final del trabajo para evitar los efectos nocivos de dispersión o malos olores y propiciar la descomposición anaerobia microbiana de los desperdicios (Romero-García, 2000).

Mundialmente se generan cerca de 2×10^6 t de residuos domésticos por día a nivel mundial, equivalente a ~0,7 kg/hab d, y los rellenos sanitarios son la opción más empleada y viable de disponer estos residuos (Yabroudi *et al.*, 2010).

Una vez depositados en el relleno los residuos se descomponen a través de una combinación de procesos físicos, químicos y biológicos, originando subproductos sólidos, líquidos y gaseosos (Qasim y Chiang, 1994; Christensen *et al.*, 2001; Ding *et al.*, 2001; Ramos, 2004).

En los rellenos sanitarios la fracción de la materia orgánica biodegradable representa el 42%.

Esta materia se degrada bajo condiciones de anaerobiosis, y produce importantes cantidades de biogás y lixiviados, los cuales representan los principales riesgos de contaminación de los rellenos sanitarios hacia el medio ambiente (Robles, 2005).

En México, la mejor solución para la disposición final de los RSU son los rellenos sanitarios. De acuerdo con lo establecido en la Ley general para la prevención y gestión integral de residuos (LGPGIR) este tipo de infraestructura debe incorporar obras de ingeniería particulares y métodos que permitan el control de la fuga de lixiviados y el adecuado manejo de los biogases generados. En 2012, a nivel nacional la disposición final en rellenos sanitarios y sitios controlados alcanzó poco más del 74% del volumen de RSU generado, lo que representa un incremento de alrededor del 83% con respecto al año 1997, en el cual se disponía cerca del 41% de los residuos. Mientras tanto, de los residuos generados, el 21% se depositó en sitios no controlados y el 5% restante fue reciclado (SEMARNAT, 2012).

Las entidades que tienen más rellenos sanitarios son el estado de México (28), Jalisco (27), Veracruz (18) y Chihuahua (18). En cuanto al volumen dispuesto en los rellenos sanitarios por nivel de entidad federativa, ciudad de México, Aguascalientes y Quintana Roo disponen la totalidad de sus residuos en rellenos sanitarios. En contraste, Oaxaca, Tabasco, Hidalgo y Chiapas disponen menos del 43% de sus residuos. (SEMARNAT, 2012).

En el caso de la ciudad de Mérida, se cuenta con un relleno sanitario tipo A (clasificado en la NOM-083-SEMARNAT-2003) que abastece a toda la ciudad de Mérida. Cuenta con una capacidad de almacenamiento de residuos de más de 100 t/d localizado en la comisaría de Susulá, y cuenta con una superficie de 190,000 m^2; abastece a 830,732 habitantes con una generación total de 830.73 toneladas/ día (SDS, 2019).

Actualmente en Yucatán acorde a la clasificación establecida en la Norma NOM-083-SEMARNAT-2003 existen 10 tipo "C" para manejar hasta 50 toneladas al día, ubicados en los municipios de Motul, Izamal, Umán, Valladolid, Oxkutcab, Tizimín, ampliación Progreso, Kanasín, Hunucmá y Maxcanú; también existen 39 sitios tipo "D" para manejar hasta 10 toneladas al día. Ubicados en igual cantidad de municipios (SDS, 2021).

Descomposición bioquímica de los residuos

La descomposición de los residuos sucede en 5 fases secuenciales (López y Mendoza, 2004):

1) Ajuste inicial: En esta fase los componentes orgánicos biodegradables de los RSU sufren descomposición microbiana mientras son descargados en el relleno sanitario. Se produce la descomposición biológica bajo condiciones aerobias.

2) Fase de transición: En esta fase disminuye el oxígeno y comienzan a desarrollarse condiciones anaerobias. Mientras el relleno sanitario se convierte en anaerobio, el nitrato y el sulfato se reducen a menudo en gas nitrógeno y sulfuro de hidrógeno. Los miembros de la comunidad microbiana responsables de la conversión del material orgánico en metano y CO_2 inician un proceso secuencial. En esta fase, el pH del lixiviado comienza a descender por los ácidos orgánicos y el efecto de las elevadas concentraciones de CO_2 dentro del relleno sanitario.

3) Fase ácida: Se acelera la actividad microbiana iniciada en la fase anterior con la producción de cantidades significativas de ácidos orgánicos y pequeñas cantidades de gas hidrógeno. El primer paso en el proceso comentado implica la transformación de compuestos con alto peso molecular (ácidos nucleicos, lípidos, polisacáridos) en compuestos aptos para ser utilizados por microorganismos como fuentes de energía y de carbono celular (Mendoza, 2004). El segundo paso implica la conversión microbiana de los compuestos resultantes en el primer paso en compuestos intermedios de bajo peso molecular, como son el ácido acético y las pequeñas concentraciones de ácidos fúlvico y otros ácidos más complejos. El dióxido de carbono es el principal gas generado es esta fase.

4) Fermentación del metano: Los microorganismos convierten ácido acético y el gas de hidrogeno producidos por los formadores de ácidos en la fase ácida en CH_4 y CO_2 llegan a ser más predominantes. En algunos casos, estos microorganismos son anaerobios y se llaman metanogénicos. Aquí la formación del metano y ácido se produce simultáneamente. El pH dentro del vertedero asciende a valores más neutros. Luego se reducirá la DBO_5 y DQO y el valor de conductividad del lixiviado. Con los valores más altos de pH menos constituyentes inorgánicos quedan en disolución y como resultado, la concentración de metales pesados presentes en el lixiviado también se reducirá.

5) Fase de Maduración: Se produce después de convertirse el material inorgánico biodegradable en CH_4 y CO_2 durante la fase 4. Durante la maduración, el

lixiviado a menudo contendrá acido húmico y fúlvico que son difíciles de degradar biológicamente (López y Mendoza, 2004).

Procesos químicos

Dos tipos de reacciones químicas importantes ocurren en un relleno sanitario: reacciones de oxidación–reducción y reacciones dependientes del pH. La intensidad con que ocurren las reacciones de óxido – reducción en un relleno sanitario está relacionada con la concentración de oxígeno disuelto presente en el relleno. Las reacciones que dependen del pH incluyen las que afectan las características microscópicas de la superficie de los materiales, tales como la adsorción, y las que afectan la solubilidad de los complejos químicos. La disolución de CO_2 en el agua reduce el pH, lo que permite que algunos metales se disuelvan, especialmente el calcio y el magnesio. Las reacciones y características químicas de algunos de los materiales dispuestos en un relleno sanitario pueden tener un efecto negativo sobre el ambiente. Por ejemplo, el caso de países en desarrollo que no tienen un control adecuado de los residuos y permiten la disposición final de diferentes contaminantes como son los envases y/o restos de insecticidas, herbicidas, sustancias cáusticas y otros, los cuales a través de reacciones químicas pueden dar lugar a sustancias más tóxicas (SEDESOL, 2001; Robles, 2005).

Lixiviados

Si bien el destino de los residuos sólidos en vertederos se considera una alternativa económica en muchos países, se generan problemas ambientales, como la producción de lixiviados peligrosos a partir de la descomposición de compuestos orgánicos, así como la percolación del agua de lluvia a través de desechos enterrados (Justin & Zupančič, 2009). La producción de los lixiviados comienza en etapas muy tempranas del relleno y continúa hasta por décadas aún después de clausurado. Este lixiviado varía en composición de acuerdo con factores como la naturaleza de los residuos, la hidrología y condiciones meteorológicas del sitio, la edad del relleno sanitario y las prácticas operativas (Wang *et al.*, 2016b).

El lixiviado se puede caracterizar como un complejo de diferentes mezclas de orgánicos e inorgánicos recalcitrantes contaminantes, incluidos los ácidos húmicos y fúlvicos, hidrocarburos aromáticos policíclicos (HAP), pesticidas, oligoelementos y altos niveles de amoniacal nitrógeno (Maia *et al.*, 2015). Además, el relleno sanitario recibe una mezcla de residuos industriales municipales, comerciales y mixtos, pero excluye cantidades significativas de residuos químicos específicos concentrados (Mahmud, 2011). Por esta razón es necesario realizar su caracterización para conocer el potencial contaminante en cada sitio de disposición y poder tratarlo adecuadamente ya que se ha demostrado que es una fuente de contaminación de aguas superficiales y subterráneas, dadas las altas concentraciones de materia orgánica y nitrógeno amoniacal que pueden alterar y consumir oxígeno del medio acuático, causar toxicidad a la vida acuática, y provocar el fenómeno de eutrofización (Randall *et al.*, 1995; Van Benthum, 1998; Howarth, 2004).

El lixiviado de un relleno sanitario es un agua residual compleja, con considerables variaciones en la composición y el flujo volumétrico. La calidad de los lixiviados es determinada fundamentalmente por la composición de la basura depositada en el relleno, los procesos de reacción bioquímica que tienen lugar en el mismo, las condiciones de manejo del lixiviado y las condiciones ambientales (Ehrig, 1999).

Normalmente los lixiviados están compuestos de materia orgánica, nitrógeno, fósforo, y/o metales pesados; pueden contener microorganismos patógenos y como se mencionó antes, la calidad de los lixiviados depende de la cantidad de material orgánico. Por lo general, en países en vías de desarrollado, los lixiviados de rellenos sanitarios contienen mayor cantidad de material orgánico, siendo estos más fáciles de tratar (Alvarado *et al.*, 2018). Además, los lixiviados poseen altas cargas de materia orgánica porque arrastran a su paso material disuelto, en suspensión, fijo o volátil que se encuentra en el relleno sanitario y esto provoca un color que varía desde café-pardo-grisáceo cuando están frescos hasta un color negro viscoso cuando envejecen. Se han reportado concentraciones tan elevadas como 60,000 mg/L de DQO (Kennedy *et al.*, 2001).

Las características del lixiviado pueden variar en un mismo relleno debido a que pueden coexistir distintas fases (las fases acidogénicas de las primeras semanas del relleno con las metanogénicas). Se hace necesario realizar estudios de tratabilidad para cada lixiviado en particular por lo que no es posible transferir directamente el tipo de tratamiento aplicado a un lixiviado determinado (Agudelo, 1996).

Hay que resaltar que la composición química de los lixiviados variará mucho según la antigüedad del relleno y la historia previa al momento del muestreo. La biodegradabilidad del lixiviado variará con el tiempo, la cual se puede supervisar mediante el control de la relación DBO_5/DQO. Cuando las relaciones van de los rangos 0.25-0.3 o mayores corresponden a rellenos sanitarios jóvenes en los cuales se aplica principalmente tratamientos biológicos para su tratamiento (Renou *et al.*, 2008; Amor *et al.*, 2015).

Existen tres tipos de lixiviados según la edad del relleno sanitario del cual provienen (Tabla 3). La relación que existe entre la edad del relleno y la composición de la materia orgánica puede proveer un criterio aplicable para escoger el mejor tratamiento del lixiviado (Abbas *et al.*, 2009).

Un lixiviado estabilizado puede permanecer estable por décadas manteniendo concentraciones de materia orgánica recalcitrante del orden de miles de mg/L, lo que dificulta y condiciona su destino final en el ambiente (Monje, 2004).

Tabla 3. Clasificación de los lixiviados según la edad del relleno sanitario

Tipo	Joven	Mediano	Maduro
Edad (años)	<5	5 a 10	>10
pH	6.5	6.5-7.5	>7.5
DQO (mg/L)	>10000	4000-10000	<4000
[DBO$_5$/DQO]	>0.3	0.1-0.3	<0.1
Compuestos orgánicos	80% Ácidos grasos volátiles (AGV)	5-30% AGV+ácidos húmicos y fúlvicos	Ácidos húmicos y fúlvicos
Metales pesados	Baja-media		Baja
Biodegradabilidad	Importante	Media	Baja

Fuente: Renou *et al.* 2008

El lixiviado de relleno joven (<5 años) generalmente se caracteriza por altas concentraciones de demanda bioquímica de oxígeno (DBO) (4000, 15,000 mg O$_2$/L) y DQO (25,000-60,000 mg O$_2$/L), concentración moderadamente alta de nitrógeno amónico (500-2000 mg/L), alta relación DBO$_5$ / DQO (0,15-0,25) y pH alrededor de 4 (Saleh, 2014). Un lixiviado intermedio (de 5 a 10 años) se caracteriza por la presencia de cargas sustanciales de DQO recalcitrante, ácidos grasos volátiles y pH> 7 (Justin & Zupančič, 2009; Bayoumi & Saleh, 2018;). Un lixiviado maduro o estabilizado (> 10 años) se caracteriza por contaminantes de alto peso molecular (compuestos que no son fácilmente biodegradables), alta concentración de nitrógeno amónico (3000-5000 mg/L), moderadamente alta concentración de DQO (5000-20 000 mg/L) y una relación DBO_5 / DQO inferior a 0,1 (Bayoumi & Saleh, 2018).

En estos lixiviados se presentan compuestos recalcitrantes y su aparición puede ser explicada con lo expuesto por Diamadopoulos (1994): En la fase metalogénica del periodo de descomposición anaerobia, las bacterias formadoras de metano degradan los ácidos grasos volátiles y reducen la carga orgánica de los lixiviados. El carbono orgánico que permanece después de esta degradación se debe principalmente a las sustancias con alto peso molecular. Estas sustancias son menos susceptibles a una degradación microbiana (biológica) y tienden a permanecer en los lixiviados. Es por ello que los lixiviados tienen compuestos recalcitrantes ya que son estables químicamente y son denominados lixiviados maduros. Los compuestos orgánicos no biodegradables remanentes pueden ser removidos utilizando tratamientos fisicoquímicos (Diamadopoulos, 1994).

Biodegradabilidad de lixiviados

La relación DBO_5/DQO denominada Índice de Biodegradabilidad (IB), refleja el grado de degradación de los lixiviados en el relleno y con ello los procesos de reacción bioquímica que están teniendo lugar dentro del relleno. Este resultado es relevante para elegir el método de tratamiento adecuado. La biodegradabilidad del lixiviado varia con el tiempo y se pueden establecer mediante la relación DBO_5/DQO. Inicialmente, las relaciones estarán en el rango de 0.5 o más. Las relaciones en el rango de 0.4 a 0.6 se toman como un indicador de que la materia orgánica en los lixiviados es fácilmente biodegradable. En cambio, en los vertederos antiguos, la relación DBO_5/DQO está a menudo en el rango de 0.05 a 0.1. Esta relación cae porque los lixiviados procedentes de vertederos antiguos normalmente contienen ácidos húmicos y fúlvicos, que no son recalcitrantes. Como resultado de la diversidad en las características del lixiviado, el diseño de los sistemas de tratamiento del lixiviado es complicado. El problema de interpretación de los resultados analíticos es todavía más complicado, porque el lixiviado que se genera en un momento dado es una mezcla del lixiviado derivado de residuos sólidos de distintas edades (Tchobanoglous *et al.*, 1994).

Peligrosidad de lixiviados y riesgo ambiental

Los efectos tóxicos y ecotóxicos de los lixiviados de los residuos sólidos pueden igualar a los producidos de desechos industriales. Además, uno de sus componentes es el amoniaco y puede ser el causante de una buena parte de la toxicidad de estos líquidos (Robles, 2005). En México los lixiviados de rellenos sanitarios se consideran residuos peligrosos (NOM-052-SEMARNAT-2005, según el listado 2 de esta norma donde se incluyen los líquidos que han percolado a través de residuos dispuestos en tierra resultantes de la disposición de los residuos peligrosos señalados en esta norma, por lo que es necesario caracterizarlos para conocer el potencial contaminante. Normalmente contienen componentes peligrosos, como metales pesados y compuestos orgánicos xenobióticos, los cuales pueden ser tóxicos, corrosivos, flamables, reactivos, carcinogénicos, teratogénicos, mutagénicos y ecotóxicos entre otros riesgos y pueden ser además bioacumulativos y persistentes (Ward *et al.*, 2002; Slack *et al.*, 2004; Slack *et al.*, 2005;). Además, los componentes pueden causar efectos mutagénicos y genotóxicos en la biota acuática (disrupción endocrina y problemas reproductivos en peces), estos efectos se pueden extender a los animales y humanos a través de la cadena alimenticia (Sánchez *et al.*, 2007; Sang *et al.*, 2006).

Características del lixiviado del relleno sanitario de Mérida, Yucatán

El relleno sanitario de Mérida, Yucatán cuentan con un material de cubierta de roca caliza (sascab) que le confiere ciertas características al lixiviado. Una de ellas es el pH alto debido a la presencia de carbonatos y bicarbonatos. Además, este material de cubierta proporciona alta dureza y actúa como filtro reteniendo las partículas grandes (Méndez *et al.,* 2010). Estos carbonatos disminuyen la eficiencia del proceso Fenton (Beltrán et al. 1998). Por ende, el pH óptimo encontrado en los estudios realizados (García 2006, Pietrogeovanna 2010; San Pedro, 2015) fue 4 porque a pH ácido (4 o menor) la concentración de los carbonatos es inferior o nula (Giacomán y Quintal 2006) lo cual evita la disminución de la eficiencia en la reacción.

En la Tabla 4 se presentan los resultados de la caracterización fisicoquímica de los lixiviados del relleno de Mérida obtenidos de varios estudios. Entre las características presentes se puede apreciar un pH alto mayor a 8 (propiedad que le confiere el sascab) y valores bajos de la relación DBO$_5$/DQO inferiores a 0,1 que indican que se trata de un lixiviado maduro y/o estabilizado.

Tabla 4. Caracterización de los lixiviados de Mérida

Parámetro	Méndez et al. 2002	García 2006	Ramírez 2011	Ku 2012	Cervantes 2015	Escalante 2018
pH	8.40	8.50	8.30	8.30	8.30	8.4
Temperatura (°C)			24.30	24.30	26.90	23.81
Conductividad (μS/cm)		21,830.00	23,100.00	24,900.00	13,165.00	14,406.7
DBO$_5$ (mg/L)	1,652.00	646.00	941.8.00	342.00	328.70	455.00
DQO (mg/L)	5,764.00	9,080.00	10,434.00	12,680.00	6,319.00	8,925.00
IB (DBO$_5$/DQO)	0.28	0.07	0.09	0.03	0.05	0.05
Solidos totales ST (mg/L)	12,812.00		19,128.00		10,403.00	26,368.00
Solidos suspendidos totales SST (mg/L)	73.00		357.00	192.00	24.78	510.00
NTK (mg/L)			2,159.00	12,312.00	4,990.00	1,099.56
N-NH$_3$ (mg/L)	1,481.00		1,825.00		1,140.50	649.70
Alcalinidad (mg/L) *		6,112.00			9,316.00	6,284.67
Color (U-Pt-Co)			13,500.00	13,287.00		14,300.0

Tabla 5. Efectividad del tratamiento vs. características del lixiviado

Fuente: Reneu *et al.* 2008

Procesos	Edad del lixiviado			Remoción promedio (%)		
	Joven	Intermedio	Maduro	DBO	DQO	NTK
Transferencia						
Tratamiento conjunto con aguas residuales	Buena	Moderado	Pobre	Dependiendo de la planta de tratamiento de agua doméstica.		
Recirculación	Buena	Moderado	Pobre	<90	60-80	-
Lagunaje	Buena	Moderado	Pobre	80	40-95	>80
Físico/químicos		Moderado				
Coagulación/floculación	Pobre	Moderado	Moderado	-	40-60	<30
Precipitación química	Pobre	Moderado	Pobre	-	<30	<30
Adsorción	Pobre	Moderado	Buena	<80	70-90	-
Oxidación	Pobre	Moderado	Moderado	-	30-90	-
Desgasificación	Pobre	Moderado	Moderado	-	<30	>80
Biológicos						
Procesos aerobios	Buena	Moderado	Pobre	>80	60-90	>80
Procesos anaerobios	Buena	Moderado	Pobre	>80	60-80	>80
Bioreactor de membrana	Buena	Moderado	Moderado	>80	>85	>80
Filtración de membrana						
Ultrafiltración	Pobre/ Moderado			-	50	60-80

Tratamiento aplicado a lixiviados

En México la aplicación de nuevas tecnologías de tratamiento enfocadas a los lixiviados de los rellenos sanitarios es incipiente y está extendiéndose cada vez más. Los tratamientos para lixiviados se pueden agrupar en cuatro grupos: transferencia, biodegradación, físicos/químicos y filtración de membrana (Reneu *et al.*, 2008) y su efectividad en la remoción de los contaminantes depende de las características de esta agua residual, principalmente de la edad (Escalante, 2018). En la Tabla 5 se enlistan los tratamientos y su efectividad de acuerdo a las características de los lixiviados. La elección del mejor tratamiento dependerá de las características del lixiviado y del objetivo de tratamiento.

Tratamientos fisicoquímicos

Entre los métodos fisicoquímicos más ampliamente utilizados para efluentes que contienen compuestos orgánicos refractarios (como los lixiviados) se encuentran los procesos de oxidación avanzada (POA por sus siglas en español), los cuales se definen como los procesos que generan radicales hidroxilos (Zhang *et al.*, 2005).

Los POA en los lixiviados estabilizados se utilizan para oxidar sustancias orgánicas; una alta oxidación contribuye a mejorar la biodegradabilidad de los contaminantes orgánicos recalcitrantes y los puede eventualmente transformar hasta CO_2 y H_2O (Renou *et al.*, 2008; Wu *et al.*, 2010).

Procesos de Oxidación Avanzada (POA)

Los POA son procesos de tratamiento físico-químicos para la degradación de materia orgánica por medio de la generación de radicales libres altamente oxidantes con un potencial de oxidación muy alto (da Costa et al. 2018) por lo que son capaces de oxidar casi todos los contaminantes orgánicos.

Investigaciones sobre los POA reportadas en la literatura demuestran su alta eficiencia en la remoción de materia orgánica del lixiviado proveniente de rellenos sanitarios. Sin embargo, los POA apuntan a la mineralización completa, lo cual podría llegar a ser extremadamente costoso como un proceso único porque los productos finales altamente oxidados formados durante la oxidación química tienden a ser refractarios a la oxidación total por medios químicos (Mantzavinos y Psillakis 2004).

Se podría obtener una disminución significativa del costo total del tratamiento de lixiviados mediante la combinación de POA con un proceso biológico y / o con otras tecnologías fisicoquímicas, una vez que se ha demostrado la eficacia de estas combinaciones (Lopes y Peralta 2005; Rivas *et al.*, 2005; Primo *et al.* 2008).

Uno de los POA más eficientes es el proceso Fenton que ha resultado particularmente apropiado para lixiviados maduros y altamente tóxicos (Deng y Englehardt 2006). Presenta ventajas frente a otro tipo de tratamiento de aguas residuales como son: la abundancia y bajo costo del hierro y la facilidad del manejo del peróxido, el cual se considera ambientalmente benigno (Méndez *et al.*, 2010) además de ser un proceso tecnológicamente simple. Sin embargo, aunque la generación de H_2O_2 tiene un efecto positivo, el H_2O_2 residual también puede suponer un riesgo para los seres vivos en los sistemas receptores del efluente AOP. El H_2O_2 es un biocida ampliamente reconocido, ya que puede interactuar con biomoléculas del organismo, provocando su oxidación (Rubio *et al.*, 2014). Por lo tanto, la cuantificación de H_2O_2 es esencial tanto para el tratamiento del agua como para la conservación del ecosistema (Rubio *et al.*, 2017). Por otro lado, el proceso Fenton homogéneo es económico ya que no requiere de una forma de energía externa como catalizador y no tiene limitación de transferencia de masa por encontrarse en la misma fase (López et al., 2004; Zhang *et al.*, 2006).

El proceso Fenton requiere grandes volúmenes de sus reactivos químicos (Fe^{+2} y H_2O_2) y por ende el un alto costo operativo, la interferencia de factores como el pH y la concentración de H_2O_2, y la generación de grandes volúmenes de lodos de hierro son los principales inconvenientes de este proceso (Wang *et al.*, 2016). Además, requiere la adición continua de los reactivos que implica una alta concentración de Fe. Sin embargo, debe tenerse en cuenta siempre que un exceso de Fe^{+2} puede causar condiciones para el atrapamiento de •OH (Doménech et al., 2001).

Procesos de oxidación Fenton

La aplicación de este método Fenton en lixiviados del relleno sanitario ha resultado eficiente de acuerdo a los estudios realizados. El proceso Fenton trata la carga contaminante con una combinación de peróxido de hidrógeno y sulfato ferroso (reactivo Fenton), a presión atmosférica y temperatura entre 20°C y 40°C y en condiciones ácidas. El principal objetivo del proceso Fenton es transformar el carbono orgánico disuelto en dióxido de carbono (CO_2) y disociar el H_2O_2 en oxígeno y agua (Wang *et al.*, 2016c). En esta reacción los iones Fe^{2+} actúan como catalizadores, y el peróxido de hidrógeno (H2O2) como agente oxidante de la reacción, que genera el radical hidroxilo (• OH) en un ácido. medio con pH entre 2,5 y 3,0 (da Costa et al. 2018). El radical hidroxilo puede degradar compuestos orgánicos recalcitrantes y tóxicos empleando una serie de reacciones en solución, resumidas por la Ec. (1) (Leifeld, 2018).

El mecanismo general de la oxidación Fenton incluye los siguientes pasos:

$$Fe^{2+} + H_2O_2 \rightarrow Fe^{3+} + \dot{}OH + OH^- \tag{1}$$

$$Fe^{3+} + H_2O_2 \rightarrow Fe^{2+} + \dot{}HO_2 + H^+ \tag{2}$$

$$Fe^{3+} + \dot{}OOH \rightarrow Fe^{2+} + H^+ + O_2 \tag{3}$$

$$OH + Fe^{2+} \rightarrow Fe^{3+} + OH^- \tag{4}$$

$$OH + \dot{}OH \rightarrow H_2O_2 \tag{5}$$

$$OH + H_2O_2 \rightarrow \dot{}OOH + H_2O \tag{6}$$

El radical •OH puede atacar e iniciar la oxidación de las moléculas orgánicas contaminantes mediante varios mecanismos de degradación, tales como:

$$OH + R\text{-}H \rightarrow H_2O + R\dot{} \rightarrow Amplia\ oxidación \tag{7}$$

Las reacciones principales del proceso Fenton son la (1), la (2) y la (7).

En la reacción (1), la Fe^{2+} reacciona con el peróxido que da como resultado la generación de los altamente reactivos radicales •OH y agua, así como de una cierta cantidad de calor, dado que la reacción global es exotérmica.

$$H_2O_2 + Fe^{2+} \rightarrow \bullet OH + OH- + Fe^{3+} \quad (k_{25\,°C} = 76\ mol/L\ s)$$

En este proceso se generan muchos lodos, lo cual constituye un costoso problema operativo. Los lixiviados tratados con el proceso Fenton homogéneo no remueven el total de la carga orgánica, por lo que se ha utilizado otro proceso complementario como la adsorción. En este último proceso, si bien propicia una remoción casi total de carga orgánica, los sólidos suspendidos (SS) remanentes del proceso Fenton propician la rápida colmatación de las columnas de adsorción, lo que encarece el tren de tratamiento Fenton/adsorción. Las sucesivas etapas de la reacción (iniciación, propagación, terminación), el acoplamiento de sucesivas reacciones de oxidación y reducción, la formación simultánea de otras especies radicales con menor poder oxidante, además de las múltiples interacciones entre éstas y las restantes especies químicas que puedan estar presentes en la matriz acuosa, hacen de la comúnmente conocida como "reacción de Fenton" un sistema químico altamente complejo, cuya descripción precisa se halla aún sometida a controversia (Bautista et al., 2008; Barbusiński, 2009).

En la reacción (2) citada en Escalante (2018), la participación del ion ferroso Fe^{2+} en la reacción de Fenton debería ser de naturaleza catalítica ya que, teóricamente, la especie oxidada Fe^{3+} reaccionaría nuevamente con el peróxido de hidrógeno, generando a su vez radicales hidroperóxido ($HO_2\cdot$), de menor poder oxidante (Eo = 1.76 V). En el proceso regresaría a su forma reducida, para dar comienzo de nuevo a la primera reacción:

$$H_2O_2 + Fe^{3+} \rightarrow Fe^{2+} + H^+ + HO_2\bullet \qquad (k_{25\,°C} = 0.01 \text{ mol/L s})$$

Sin embargo, en la práctica los iones férricos Fe^{3+} formados en la primera reacción, mucho más rápida que la segunda reacción, se acumulan progresivamente en solución acuosa hasta alcanzar su producto de solubilidad, dando lugar a la aparición de precipitados de hidróxido férrico Fe $(OH)_3$ de un característico tono pardo-rojizo y aspecto coloidal. Esta particularidad del proceso debe ser considerada en la selección y diseño del proceso, teniendo en cuenta que:

- Para minimizar la aparición de precipitados de hierro es preciso mantener el pH de la mezcla en torno a 3, rango en el que el hierro permanece en disolución como Fe^{2+}
- La acidificación de los efluentes exige una posterior etapa de neutralización.
- La no regeneración de Fe^{2+} obliga a su adición en continuo para el mantenimiento de la reacción.

La aparición de precipitados férricos exige una etapa de separación y de acondicionamiento y gestión final de los lodos tras la reacción de oxidación. En función del caudal de agua residual sometido a tratamiento, la gestión de los lodos puede hacer antieconómico el proceso.

En la reacción (7) [HO• + materia orgánica $\rightarrow$ productos oxidados] los radicales hidróxidos atacan las moléculas orgánicas y producen intermediarios orgánicos que pueden continuar reaccionando con los radicales hidróxidos y O_2 llevándolos a una posterior descomposición y eventual mineralización final en CO_2, agua y otros productos inorgánicos (Deng y Englehardt 2006). Cabe recalcar que en la práctica la completa mineralización de los contaminantes orgánicos puede ser realmente muy complicada, debido a que estos intermediarios pueden llegar a ser más refractarios a la oxidación que los compuestos originales (Mantzavinos y Psillakis 2004; Pignatello *et al.*, 2006).

Cálculo de las dosis óptimas y relaciones [Fe²⁺]/ [H₂O₂] y [DQO]/ [H₂O₂]

El autor Pietrogiovanna (2009) presenta las siguientes ecuaciones para el cálculo de las dosis optimas del reactivo Fenton requeridos para tratar efectivamente los lixiviados de la ciudad de Mérida:

Para $Fe_2SO_4 \bullet 7H_2O$:

$$mFe^{2+}SO_4 = [Fe^{2+}/H_2O_2] \times \frac{DQO_i}{DQO/H_2O_2} \times \frac{PM_{Fe^{2+}SO_4 \times 7H_2O_2}}{1000 \times PA_{Fe^2}} \times V \qquad \text{(Ecuación 1)}$$

Para H_2O_2:

$$VH_2O_2 = \frac{DQO_i}{f \times \rho H_2O_2 \times [DQO/H_2O_2] \times 1000} \; x \; V \qquad \text{(Ecuación 2)}$$

Donde:

mFe_2SO_4 = Masa de Sulfato Ferroso (g)

VH_2O_2 = Volumen de Peróxido de Hidrógeno (mL)

$[Fe^{2+}]/[H_2O_2]$ y $[DQO]/[H_2O_2]$ = (adimensional)

DQO_i = DQO inicial del lixiviado crudo (mg/L)

PM $Fe_2SO_4 \bullet 7H_2O$ = 278.05 g/mol

PA Fe = 55.85 g/mol

V = Volumen de lixiviado a tratar (L)

ρH_2O_2 = 1.112 g/mL

f = Pureza del H_2O_2/100 = 0.308

Estudios aplicando Fenton convencional

En esta sección se presentan los estudios efectuados para tratamiento de lixiviados del relleno sanitario con el Fenton convencional, se menciona la eficiencia alcanzada cuando las dosis fueron aplicadas en una etapa, en varias etapas y de manera secuencial.

Las remociones de la DQO obtenidas directamente con el proceso Fenton a lixiviados se encuentran en el orden de 60 a 85 % (Calli et al., 2005; Lau et al., 2001; López et al., 2004; Mahmud et al., 2012; Méndez et al., 2010; Rivas et al., 2005; Zhang et al.,2005). Estudios realizados por Moravia et al. (2011) obtuvieron DQO y eliminación de color hasta 76.7% y 76.4%, respectivamente, con un proceso similar y la generación de lodo fue de 32.1%.

Los estudios de Vilar et al. (2012) realizados con los lixiviados de un vertedero en la provincia de coruña España con las condiciones óptimas encontradas pH 3, dosis de 800 mg Fe^{2+}/L y 3000 mg H_2O_2/L, tiempo de reacción de 2 h. Sobre estas condiciones la IB mejoro de 0.02 a 0.33. En consecuencia, el lixiviado después de la reacción de Fenton puede tratarse en un reactor biológico posterior o recircularse al tratamiento biológico previo a la eliminación de DQO que fue de aproximadamente el 76%.

Méndez et al. (2019) aplicaron un tren de tratamiento de Fenton/filtración/adsorción. Se obtuvieron eliminaciones de DQO del 99.9% de las cuales el 90.8% se eliminó mediante Fenton-filtración y 9.1% mediante adsorción. El índice de biodegradabilidad mejoró de 0.033 (lixiviado crudo) a 0.727 (lixiviado tratado), por lo que no hubo necesidad de someter los lixiviados a tratamientos biológicos posteriores.

Los lixiviados producidos en el relleno sanitario de la ciudad de Mérida, la aplicación del Fenton convencional ha alcanzado porcentajes de remoción de hasta 75% (García, 2010), mejorando este porcentaje cuando se aplica un tren de tratamiento como el de adsorción, pero encareciendo el costo del proceso.

En la Tabla 6 se presentan los resultados del tratamiento de lixiviados de diferentes rellenos sanitarios con el proceso Fenton.

Tabla 6. Resultados proceso Fenton aplicado a lixiviados

Parámetro	*Unidad*	*Mérida* [a]	*Italia* [b]	*Delaware, USA* [c]	*Hong Kong* [d]	*España* [e]	*Estambul* [f]	*India* [g]
pH	Unidad pH	8.57	8.2	6.67	8.5	-	7.3	0.3
Conductividad	ms/cm	21.83	45.35	-	-	-	-	14.52
Alcalinidad	mg de $CaCO_3$/L	6115.96	21470	4050	-	-	9850	0
DBO$_5$	mg de DBO_5/L	646.5	2300	-	75	475	12200	370
DQO	mg de DQO_T/L	9079.83	10540	8596	1500	8100	20700	5886.5
COT	mg de COT/L	2265.86	3900	2123.5	470	-	-	-
DBO$_5$/DQO	mg de DBO_5/mg de DQO	0.071	0.218	-	0.050	0.059	0.589	0.063
Valores óptimos								
Tiempo de reacción	minutos	20	120 / 120	30	40 [7]		5	120
pH	Unidades de pH	4	3 / 3	2.5	6	3.5	3.5 - 4.0	4
H$_2$O$_2$	mg de H_2O_2/L	600	3300 / 10000	2550	200	34000	2000	600
Fe^{2+}	mg de Fe^{2+}/L	1000	275 / 830	2792.35	300	558	1000	1000

Eficiencia alcanzada											
En base al DQO	%	77.4		60	61.3[3]	49.4[4]	37.5[5]	70[6]	80[8]	85[9]	77.4[10]
En base al COT	%	71.2	-	-	-	-	-	-	-	-	-
En base al DBO$_5$	%	44.27	-	-	-	-	-	-	-	-	-
DBO$_5$/DQO		0.100[1]	0.5[2]	-	-	-	-	-	-	-	-

Recopilado de García (2006)

a García, 2006.　　　1 después del tratamiento Fenton.

b López et al. 2004.　　　2 Para permitir la coagulación de los iones de Fe remantes, se incrementó el pH a 8.5, se agregó 3 g/L de $Ca(OH)_2$ y 3 mg/L de polielectrolito catiónico, como ayudante de coagulación.

c Hui Zhang et al. 2005. 3 cuando la DQO inicial fue 1000 mg/L

d Lau et al. 2001. 4 cuando la DQO inicial fue 2000 mg/L

e Rivas et al. 2004.　　　5 cuando la DQO inicial fue 3000 mg/L

f Calli et al. 2005. 6 La caracterización corresponde al lixiviado antes tratado en un UASB.

g Nawghare et al. 2001. 7 Aunque no se determinó un tiempo óptimo de reacción, pasó 40 minutos antes del análisis. ; 8 Relacionado con el DQO del sobrenadante después de bajar el pH a 2 (a condiciones ácidas se alcanzaron remociones del 25% de DQO con valores iniciales de 7500 mg/L del lixiviado crudo), además se agregaron 558 mg de Fe^{3+}/L. ; 9 Relacionado con el DQO remanente (por debajo de 2000 mg/L) después de someter el lixiviado a un UASB, nitrificación/desnitrificación. ; 10 Efluente de la industria de producción de ácido fosfórico, después de elevar el valor del pH al óptimo, se agregó el reactivo Fenton.

Como se puede apreciar, los resultados de estudios realizados con Fenton convencional (una etapa) son insuficientes para cumplir las normas vigentes (NOM-001-SEMARNAT-1996), por lo que es necesario diseñar nuevas estrategias para optimizar el proceso, ya que basándose en la capacidad que potencialmente tiene el radical •OH de oxidar toda materia orgánica o inorgánica sería teóricamente posible, en las condiciones adecuadas, mantener la reacción y lograr con ello una mineralización completa (Deng y Englehardt 2006).

Dado a que la forma de aplicación de los reactivos influye en la eficiencia del proceso se ha optado por realizar estudios modificando la forma en que se aplican los reactivos Fenton.

Estudios de Fenton en dosis múltiples y por etapas

Se ha determinado que el modo de adición múltiple de reactivos de Fenton y el tratamiento de Fenton en dos etapas mejoran la eliminación de compuestos orgánicos recalcitrantes presentes en los lixiviados. Los modos operativos son similares e implican la adición sucesiva de reactivos Fenton. Esta adición gradual implica dosificaciones constantes de reactivos de Fenton a una unidad, mientras que el tratamiento en dos etapas implica dosificaciones diferentes en dos unidades de Fenton separadas (Deng y Englehardt 2006).

Generalmente, los reactivos de Fenton se agregan al lixiviado en un solo paso. Sin embargo, dicha adición puede causar la autodescomposición de H_2O_2 debido a las altas concentraciones localizadas en el punto de inyección y la eliminación de radicales hidroxilos por una gran cantidad de peróxido de hidrógeno (Deng y Englehardt 2006).

Para garantizar un uso completo de H_2O_2 para la oxidación, varios investigadores agregaron reactivos Fenton en pasos sucesivos, pero encontraron diferentes efectos de la adición gradual. Yoo et al. (2001) y Zhang et al. (2005) reportaron que la adición gradual de reactivos de Fenton aumentó la eliminación de DQO, y la reducción de DQO aumentó al aumentar los tiempos de adición de los reactivos.

Uno de los primeros estudios variando la forma de alimentación de los reactivos Fenton fue realizado por Gau et al. (1996). Utilizó el método de Fenton de dos etapas para tratar un lixiviado pretratado biológicamente y descubrió que el tratamiento con Fenton de etapas múltiples mejoró la eliminación de DQO mientras consumía más reactivos en las etapas posteriores. También probaron el Fenton en dos etapas encontrando que esta modificación en dos etapas mejoró la etapa 1, con una mayor eliminación de DQO, y aplicando la adsorción de carbono puede eliminar de manera eficiente los compuestos orgánicos resistentes a la oxidación. La combinación adecuada de estas dos etapas con adsorción con carbón pudo satisfacer los estándares de efluentes de DQO.

Yoo et al. (2001) también intentó una oxidación de Fenton modificada mediante la adición por etapas de reactivos de Fenton a intervalos de tiempo predeterminados (adición de 500 mg/L H_2O_2 + 625 mg/L Fe^{2+} en cada paso). Cuando añadió la mitad del reactivo a los 20 minutos, se observó una reacción de oxidación adicional. Los resultados de las pruebas de Yoo et al. (2001) demostraron que la adición del reactivo Fenton del segundo paso eliminó más DQO, lo que implica que una dosis múltiple de reactivo Fenton podría mejorar la velocidad de eliminación del contenido orgánico. La eficiencia de eliminación de DQO con una dosis de dos pasos de reactivo fue aproximadamente un 10% mayor que con una dosis única. También mencionan que el costo para el reactivo y la disposición final del lodo podría reducirse, siempre que los reactivos de Fenton se agreguen paso a paso.

Zhang et al. (2005) ensayó múltiples alimentaciones en la dosis de reactivo. Esto significó que se podrían producir y usar más radicales hidroxilos para oxidar materiales orgánicos al hacer que el ambiente tenga una alta relación de compuestos orgánicos oxidados RH / Fe (II) con múltiples alimentaciones de peróxido de hidrógeno y hierro ferroso. Cuando el hierro ferroso fue sobredosificado la reacción de eliminación de radicales hidroxilos no deseada [Fe^{2+} •OH → Fe^{3+}+ OH] competiría significativamente con la reacción [RH + •OH → H_2O + R•] a concentraciones más altas de hierro ferroso, reduciendo la tasa de oxidación de los materiales orgánicos. En el otro caso experimentado se añadió tanto hierro ferroso y el peróxido de hidrógeno simultáneamente en múltiples pasos que hicieron que la relación molar de H_2O_2 a Fe (II) se mantuviera en el valor favorable en cada adición. Por lo tanto, los efectos de barrido como las reacciones [Fe^{2+}+•OH → Fe^{3+} + OH] y [H_2O_2 + •OH → HO_2• + H_2O] fueron minimizados, y se logró un poco más de eficiencia de eliminación de DQO.

Mahmud et al. (2011) intentó una oxidación de Fenton modificada mediante la adición por etapas de reactivos de Fenton a intervalos de tiempo predeterminados. Obtuvo en la 1 etapa la eliminación de DQO de 68%. Las eficiencias con una dosificación de reactivos en tres etapas diferentes incrementaron un 11%; también el reciclaje de lodos de Fenton mejoró la eliminación de DQO obteniendo una eficiencia mayor en un 6% y en conjunto una reducción del 84% de DQO. Para lograr este resultado los parámetros óptimos encontrados fueron: pH 5 y las dosis de reactivos H_2O_2/ Fe^{2+} de 1:3. En el primer paso, la adición de H_2O_2/Fe^{2+}, H_2O_2 fue completamente disociada, mientras que la sal de hierro permaneció. La relación de H_2O_2/Fe^{2+} se redujo continuamente a la oxidación de Fenton de un segundo paso y finalmente se acumuló la sal de hierro al final del proceso. Debido a que la adición de hierro condujo a la formación de complejos de hidróxido férrico y, por lo tanto, a la producción de lodo de Fenton, la posibilidad de una mayor reducción del lodo de Fenton se evaluó mediante un ajuste de la dosis de hierro en la adición de un segundo paso.

Wang et al. (2012) evaluó un proceso combinado de Filtro anaeróbico biológico de Fenton (BANF) y filtro aireado biológico (BAF). El Fenton fue aplicado para reducir la DQO y mejorar la biodegradabilidad de los compuestos orgánicos refractarios. La dosis óptima más baja redujo el costo de operación del proceso de Fenton y mejoró el índice de biodegradabilidad de <0.1 a 0.4. La eliminación de DQO del efluente de Fenton después de la etapa 1 fue de 77.1% con 308 mg/L DQO. La Etapa 2 se aplicó para asegurar que la DQO del efluente final fuera inferior al límite permisible de DQO en China (100 mg / L). Debido a la existencia de compuestos refractarios de oxidación de Fenton, el efluente de DQO después de la segunda etapa fue de 109 mg / L (Wang *et al.* 2012).

En Bendouz et al. (2017) reportó que el protocolo de adición de reactivo afecta la eficiencia del proceso Fenton. En este estudio también mostró que el uso secuencial de la oxidación de Fenton se puede utilizar con éxito para lograr una mayor tasa de degradación de HAP. La aplicación secuencial permitió una tasa de degradación de 71% de los 27 HAP en comparación con el 43% de remoción solo con Fenton convencional.

El estudio más reciente en lixiviados modificando la aplicación del reactivo Fenton convencional a una aplicación por etapas fue realizado en la Universidad Autónoma de Yucatán, por Escalante (2018). En el Fenton convencional de una etapa encontró una remoción de 75.79%, similar al que ha sido reportado por otros autores en esta agua residual (García, 2010; San Pedro, 2015; May, 2017). Para la segunda etapa el porcentaje de remoción acumulado fue de 84.61% mientras que para la tercera -y última etapa- fue de 88.34% lo cual representó un incremento neto del 12.55% sobre el proceso Fenton convencional (de una sola etapa). Escalante (2018) obtuvo una remoción total de Carbono Orgánico Total (COT) de 86.87%, similar al medido como DQO (88.34%), este primero es un poco menor, lo que indica que las moléculas grandes fueron divididas en moléculas más pequeñas, y no fueron completamente mineralizadas a dióxido de carbono y agua. La remoción adicional aportada en la segunda etapa (8.82%) y la tercera etapa (3.73%), es cada vez menor y puede explicarse considerando la mineralización de la materia orgánica fácilmente oxidable y las sustancias más recalcitrantes permanecen en las etapas posteriores que, aunque pueden ser oxidadas no son mineralizadas por completo por lo que el valor de la DQO no disminuye de forma importante (Escalante, 2018).

Hermosilla et al. (2009) verificó las condiciones óptimas para los reactivos Fenton y foto-Fenton. En condiciones óptimas el proceso convencional de Fenton fue capaz de lograr la eliminación de DQO de menos del 70%. Un aumento del 10% en la eliminación de DQO fue posible cuando todos los productos químicos se agregaron en modo continuo. Este resultado puede ser comparado con el incremento encontrado por Escalante (2018). Se concluyó que el proceso Fenton por etapas mejoró su desempeño ya que la dosificación puntual de hierro favorece la formación de flóculos permitiendo una mejor sedimentación mientras que el ajuste del pH previene la extrema acidificación del lixiviado causada por la reacción de hidrólisis del hierro (Carra et al., 2014).

En las investigaciones realizadas con anterioridad se puede destacar que la literatura proporciona las dosis y condiciones óptimas del proceso Fenton convencional sin embargo aún no se han hecho estudios que proporcionen las dosis y condiciones óptimas en las etapas posteriores a la 1 etapa del Fenton; lo cual sería conveniente realizar debido a la relevancia que se tiene en la eficiencia de la reacción al aplicar las dosis y condiciones óptimas correspondientes a cada etapa.

Análisis de la reacción

En los estudios realizados las sustancias refractarias no quedan totalmente mineralizadas. Se puede explicar este suceso tomando en cuenta la degradación de la materia orgánica descrita por Lyman et al. (1982). La degradación primaria es un cambio estructural en el compuesto original donde se puede mejorar la biodegradabilidad; la degradación aceptable es degradación en la medida en que se reduce la toxicidad; la degradación final, completa a dióxido de carbono, agua y otros inorgánicos. Con lo anterior, se explica lo ocurrido en Mahmud et al. (2011) en donde los materiales orgánicos originales fueron cambiados drásticamente por el reactivo Fenton a otros productos más altamente oxidados. Sin embargo, la conversión final de carbono orgánico en carbono inorgánico no se completó. Indica que las primeras reacciones de oxidación fueron oxidaciones parciales (degradación primaria y / o degradación aceptable) y conversión final a carbono inorgánico con una cantidad abundante de radicales hidroxilos, pero las reacciones adicionales con radicales hidroxilos residuales prevalecieron las oxidaciones parciales en lugar de la conversión final (Zhang et al., 2005).

Además, hay parámetros que influyen en el proceso. Diversos autores coinciden en que el rendimiento del proceso Fenton depende, entre otros factores, de la concentración del agente oxidante y catalítico, temperatura, pH y tiempo de reacción (Pontes et al., 2010; Neyens y Baeyens, 2003). Asimismo, la eficiencia de este proceso está relacionada con la naturaleza del contaminante a degradar y con la presencia de otros compuestos orgánicos e inorgánicos (Pignatello et al., 2006).

Influencia de las dosis

Los radicales •OH reaccionan con la mayor parte de las sustancias orgánicas e inorgánicas, con una baja selectividad hacia las especies presentes. Por ello, la dosis óptima de H_2O_2 que requiere la oxidación de un efluente determinado mediante proceso Fenton solo puede establecerse de forma empírica, mediante estudios específicos tanto en laboratorio como a escala piloto, y será función de la naturaleza y concentración de los contaminantes presentes en el agua a tratar, y de las relaciones estequiométricas que se establezcan entre estos y los reactivos (Sánchez, 2015).

En los estudios realizados las dosis de los reactivos Fenton han mostrado ser un factor importante en la eficiencia global de la reacción. Normalmente, y como regla general, ésta se verá aumentada con el aumento de la aportación de peróxido. Cabe destacar que el H_2O_2 requiere de grandes cantidades de Fe^{2+} para su descomposición en radicales •OH. Es de esperar que la velocidad de degradación de las moléculas orgánicas sea mayor a medida que aumenta la concentración del oxidante y del catalizador; no obstante, a la hora de determinar la dosis óptima para el proceso debe tenerse en consideración que la fracción residual de peróxido de hidrógeno no reaccionado contribuye a elevar la DQO de la mezcla. El peróxido no consumido actúa también como sumidero de radicales •OH. El exceso de los reactivos afecta eficiencia del proceso global, y limita el porcentaje de degradación del contaminante, ya que se favorecen las reacciones secundarias (Neyens y Baeyens, 2003).

En el caso de una excesiva concentración de Fe^{2+} en la mezcla no incrementará la tasa de oxidación de materia orgánica. Este comportamiento se justifica por la aparición de reacciones parásitas entre Fe^{2+} y los radicales •OH disponibles. La concentración óptima de catalizador se fija por la dosis de peróxido de hidrógeno, con la que se relaciona a través de la relación estequiométrica óptima de ambos reactivos para cada agua tratada (Sánchez, 2015).

Esta información se demuestra en el estudio de Zhang et al. (2005) con el exceso en la dosis de Fe^{2+} que conduce a una disminución en la eficiencia de eliminación de DQO, debido al Fe^{2+} recombinado con el OH [$Fe^{2+} + •OH \rightarrow Fe^{3+} + OH^-$]. El aumento en la dosis de H_2O_2 conduce a una disminución en la eficiencia de eliminación de DQO. Esto puede explicarse por la saturación de los sitios catalíticos activos o el efecto de eliminación de •OH del H_2O_2, [•OH + H_2O_2 → •OOH + H_2O]. Los excesos afectarán la eficiencia haciendo que el exceso de sal de hierro elimina •OH (Deng y Englehardt 2006) y el exceso de H_2O_2 interfiere con las mediciones de DQO ya que el H_2O_2 residual puede consumir $K_2Cr_2O_7$, lo que conduce a un aumento en la DQO inorgánica (Kilic et al., 2013).

Influencia de la relación $[H_2O_2]/[Fe^{2+}]$

La relación estequiométrica óptima de las concentraciones de los reactivos $[H_2O_2]/$ $[Fe^{2+}]$ es determinante en la eficacia de la reacción Fenton, así como uno de los principales parámetros de control de este proceso.

A pesar de los numerosos estudios experimentales no existe acuerdo en un valor óptimo para la relación molar $[H_2O_2]/[Fe^{2+}]$ y este varia depende del efluente, así como de las condiciones de reacción, hacen que la relación $[H_2O_2]/[Fe^{2+}]$ óptima deba determinarse de forma empírica para cada efluente.

En general, el incremento de la concentración de ion ferroso Fe^{2+} acelera la velocidad de la reacción, pero no afecta a su rendimiento. Por el contrario, el aumento de la concentración de H_2O_2 en el medio de reacción produce un aumento de la eficiencia de la oxidación, aunque sin influir en la velocidad de la reacción. La determinación de la relación óptima entre las concentraciones de ambos reactivos proporcionará la máxima eficiencia de la reacción, junto con la cinética optimizada para el proceso global.

También se recalca que debe evitarse el exceso de concentración de cualquiera de los reactivos, ya que tiene una naturaleza inhibitoria de la reacción a causa de la captura de radicales •OH por parte de los excesos de ambos reactivos (Sánchez, 2015).

La remoción de DQO se puede mejorar significativamente aumentando H_2O_2/Fe^{2+} simultáneamente. El aumento de H_2O_2 y H_2O_2/Fe^{2+} dará como resultado un aumento de •OH y un aumento evidente de la tasa de eliminación de DQO. Cuando esto aumenta la tasa de eliminación de DQO tiende a ser plana, la razón es que solo una parte de la materia orgánica en el lixiviado del vertedero podría ser oxidada y degradada por los radicales hidroxilos (Bu *et al.*, 2016).

Influencia del pH

Los POA basados en la reacción de Fenton están condicionados de forma crítica por el pH debido a que modifica la prevalencia de las distintas especies de hierro que coexisten en solución acuosa. Estudios sobre el reactivo Fenton han demostrado que sólo es efectivo para un rango de pH que oscila entre 2.5-4; si bien algunos autores (Xu *et al.*, 2004; Pignatello *et al.*, 2006; Durán et al., 2011) fijan este valor a 2.8, siendo este pH el óptimo para la formación de radicales •OH a partir de la descomposición del H_2O_2 en presencia de Fe^{2+}.

Condiciones de pH muy ácidas o muy alcalinas dan lugar a un descenso en la velocidad de degradación de los contaminantes. Un aumento del pH conduce a la precipitación del hierro como Fe $(OH)_3$, impidiendo que se lleve a cabo la reacción 2 y, por tanto, la regeneración de Fe^{2+}. En consecuencia, la baja eficiencia por encima de pH 4 se atribuye a la baja tasa de producción de radicales •OH a causa de la desaparición de Fe^{2+} del medio de reacción. Por otro lado, a pH excesivamente ácido se forma $[Fe (H_2 O)_6]^{2+}$, el cual reacciona lentamente con el H_2O_2, ralentizando la generación de radicales •OH (Pignatello *et al.*, 2006). A su vez, bajo estas condiciones de acidez, la regeneración del catalizador a partir de H_2O_2 se ve inhibida, ya que a un bajo pH el H_2O_2 se estabiliza en forma de iones oxonio ($H_3O_2^+$) (Pignatello *et al.*, 2006; Malíková *et al.*, 2009) por lo tanto se reduce la concentración de Fe^{2+} libre que queda disponible en la mezcla acuosa (Sánchez, 2015).

Influencia de la temperatura

El aumento de la temperatura tiene un efecto positivo sobre la eliminación orgánica en el tratamiento de Fenton (Deng *et al.*, 2006). Sin embargo, un aumento mayor puede causar una descomposición ineficiente de H_2O_2 que compensa el aumento de la eliminación de DQO. Como resultado, el aumento de la eliminación de DQO es marginal en una temperatura alta (Zhang *et al.*, 2005).

La iniciación de la reacción de Fenton no requiere de una elevada energía de activación, lo que hace posible que pueda llevarse en un amplio rango de temperaturas ambiente con mayor eficiencia a partir de 20 °C. Varios autores han establecido como temperaturas óptimas en un intervalo entre los 40 °C - 50 °C para los procesos Fenton ejecutados a presión atmosférica (Sánchez, 2015).

Tiempo de contacto

Desde un punto de vista económico, se ha demostrado que operar con altos tiempos de residencia no es viable (Ghosh *et al.*, 2010); de hecho, con bajos períodos de reacción se consiguen buenos niveles de degradación de contaminantes en comparación con otros procesos de oxidación química (Esplugas *et al.*, 2002).

El tiempo de contacto, al igual que las dosis, se debe de establecer de forma individual para cada tipo de efluente. En los estudios realizados en el lixiviado del relleno sanitario por García (2006) y Pietrogeovanna (2010) este rango se sitúa entre 5 minutos y 2 horas dependiendo de las características que se buscan en el lixiviado final.

La oxidación de la materia orgánica no biodegradable puede requerir de tiempos de contacto muy diferentes especialmente si contiene compuestos refractarios a los tratamientos. El tiempo de contacto puede prolongarse con la dosificación intermitente del H_2O_2 que, según la literatura, mejora el rendimiento del proceso frente al que se obtendría con una dosis única inicial (Sánchez, 2015).

Metodología

Se llevó a cabo una investigación experimental para reducir la materia orgánica por medio del proceso Fenton por etapas. Para ello se probaron diferentes tratamientos a los lixiviados recolectados de las lagunas de evaporación del relleno sanitario, en Mérida, Yucatán, México. La metodología consistió en la aplicación de tres pruebas, la primera de diferentes dosis del reactivo Fenton al efluente resultante proceso Fenton convencional (1 etapa) para optimizar las etapas 2 y 3 de este tren de tratamiento. La segunda prueba fue variar los pH con la concentración es optimas encontradas en la prueba anterior, y la tercera, probar diferentes tiempos de contacto para obtener todas las condiciones óptimas de las etapas superiores al Fenton convencional. Después de cada etapa se dejó sedimentar el efluente y se midieron los parámetros de control del sistema (DQO y color). Al final del proceso se realizó una caracterización fisicoquímica y se analizaron los compuestos remanentes por medio de cromatografía de gases.

Toma de muestra

Los lixiviados fueron recolectados de una laguna de oxidación del relleno sanitario de Mérida, Yucatán localizado en la comisaría de Susulá. Para analizarlos se llevó a cabo una campaña de muestreo en lagunas de evaporación en el mes de febrero, 2021, se caracterizó el lixiviado curdo al inicio y se aplicó el proceso Fenton por etapas, midiéndose los siguientes parámetros al inicio y al final de cada etapa: Demanda Química de Oxígeno (DQO), pH, color. La caracterización en cada etapa se llevó a cabo de acuerdo a los métodos estándar (APHA-AWWA-WPCF 2005).

Proceso Fenton

Etapa 1 (ET1)

Se trabajó con las dosis óptimas encontradas por García, (2006) H_2O_2 (al 30% w/w) = 600 mg/L y (Fe^{2+}) = 1000 mg/L que corresponden a las relaciones de $[Fe^{2+}]/[H_2O_2]$ y $[DQO]/[H_2O_2]$ de 0.6 y 9 respectivamente. Para este efecto, se ajustó el valor de pH a 4 usando H_2SO_4 concentrado (97% w/w) y/o una solución 6 N de NaOH y l tiempo de contacto óptimo para esta etapa es de 5 min de acuerdo a lo reportado por Pietrogeovanna (2010).

Se realizó el proceso Fenton en un tanque de 250 L con las relaciones de las dosis arriba mencionadas, ajustando el pH a 4 y preparando lo suficiente de este efluente Fenton para las etapas posteriores. Por consiguiente, se mezcló el LC durante un minuto a 300 rpm con los reactivos y posteriormente se redujo la velocidad de agitación a 30 rpm. Por último, se dejan sedimentar los lodos. Con el efluente resultante de esta etapa se miden los parámetros de control, estos son DQO y color.

Etapa 2 (ET2)

Determinación de las mejores relaciones $[Fe^{2+}]/[H_2O_2]$ y $[DQO]/[H_2O_2]$

Las mejores relaciones de los reactivos Fenton para la ET2 se determinaron realizando variaciones en la relación de $[Fe^{2+}]/[H_2O_2]$ y $[DQO]/[H_2O_2]$ y fueron analizados los resultados por medio de análisis de varianza de una vía.

Se determinó la DQO resultante del efluente de la ET1 y se calculó (con las ecuaciones proporcionadas por Pietrogeovanna, 2010) la cantidad de $[H_2O_2]$ necesaria para variar las relaciones a experimentar. Del valor resultante del peróxido se calculó el $[Fe^{2+}]$. Para estimar el valor óptimo de las dosis para la oxidación, se probaron 3 relaciones de $[Fe^{2+}]/[H_2O_2]$ y 3 de $[DQO]/[H_2O_2]$ dando un total de 9 combinaciones como se puede apreciar en la Tabla 7. Las variaciones de $[Fe^{2+}]/[H_2O_2]$ se probaron con valores de 0.2, 0.6, 1.0; la relación $[DQO]/[H_2O_2]$ para determinar la dosis de H_2O_2 se tomó el valor de 9 el cual es el valor optimo encontrado por Pietrogeovanna (2010) y el resultado fue multiplicado por 10, 20, 30 mismos que se llamaron 10X 20X y 30X en este estudio.

Los ensayos se realizaron por duplicado y de manera aleatoria. Se tuvieron 9 combinaciones de diferentes dosis en cada etapa.

Figura 1. Preparación del proceso Fenton en tanque

Las combinaciones de las relaciones que se generaron en la etapa 2 se presentan en la Tabla 7.

Tabla 7. Combinaciones del reactivo Etapa 2

		Relación [DQO/H$_2$O$_2$]		
		10X	20X	30X
Relación [Fe^{2+}/H$_2$O$_2$]	**0.2**	Cada ensayo:		
	0.6	2 repeticiones		
	1.0	pH (2, 3 y 4)*		

*Se probaron 3 variaciones de pH.

Para obtener las dosis óptimas en esta etapa, se realizaron los ensayos como se describe a continuación.

1) Se agitó la mezcla correspondiente (con los reactivos) a 300 rpm durante 1 minuto y posteriormente se redujo a 30 rpm, a pH 3 durante 2 horas.
2) Se analizan los resultados correspondientes a cada ensayo con el análisis de varianza de una vía se determina la dosis óptima.

Para obtener el pH óptimo.

3) Posteriormente se usaron las dosis óptimas encontradas en el paso anterior y se variará el pH a 2, 3 y 4 para determinar el óptimo.
4) Se graficaron y analizaron los resultados obtenidos y se eligió el mejor pH.

Para obtener el tiempo de contacto óptimo.

5) Una vez obtenido el pH y dosis optimas se prosiguió a obtener el tiempo de contacto óptimo. Para ello se usó el equipo para pruebas de jarras en donde se realizó la mezcla rápida a 300 rpm durante 1 minuto. Posteriormente se redujo la velocidad de agitación a 30 rpm. Se tomaron muestras de la mezcla durante 2 horas (5, 10, 20, 40, 60, 80, 100 y 120 minutos).
6) A continuación, se tomó una muestra homogénea para determinar las concentraciones de DQO y color, se grafican los resultados y se elige el tiempo de contacto optimo referente a la mejor remoción de materia orgánica.

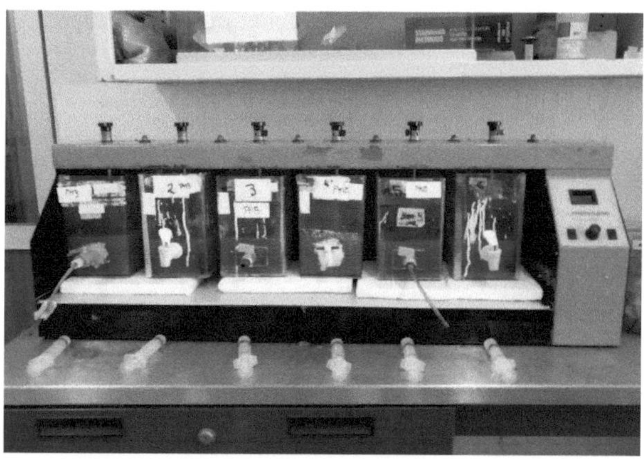

Figura 2. Prueba de jarras para pruebas de Fenton en etapas

Después de cada prueba se dejó sedimentar el efluente tratado. Luego, con las relaciones óptimas obtenidas se preparó suficiente efluente para la siguiente etapa. Para ello se usó el tanque de 250 L y se trató el efluente de la ET1 con las condiciones óptimas correspondientes a la ET2 y se dejó sedimentar.

Una vez obtenido el efluente sujeto a las condiciones óptimas de la ET2 se prueban diferentes condiciones en el tratamiento de la ET3.

Etapa 3 (ET3)

Determinación de las mejores relaciones $[Fe^{2+}]/[H_2O_2]$ y $[DQO]/[H_2O_2]$

Las mejores relaciones de los reactivos Fenton para la ET3 se determinaron realizando variaciones en la relación de $[Fe^{2+}]/[H_2O_2]$ y $[DQO]/[H_2O_2]$ y fueron analizados los resultados por medio de análisis de varianza de una vía. Para ello, se determinó la DQO y se calculó la cantidad de $[H_2O_2]$ y $[Fe^{2+}]$ a utilizar aplicando las ecuaciones proporcionadas por Pietrogiovanna (2009), García (2006) y se variaron estas relaciones para encontrar las dosis óptimas de esta etapa.

Para obtener las dosis de reactivo óptimas se variaron las relaciones de $[Fe^{2+}]/[H_2O_2]$ con valores de 0.2, 0.6, 1.0 para obtener la cantidad de Fe^{2+} necesaria y $[DQO]/[H_2O_2]$ con el valor de 9 para determinar la dosis de H_2O_2, este último es el valor optimo encontrado por Pietrogeovanna (2010). El resultado H_2O_2 fue multiplicado por 10, 20, 30 mismos que se les nombró 10X 20X y 30X para efectos de este estudio. Para la ET3 se obtuvieron 9 combinaciones con las relaciones para obtener las dosis optimas, estas combinaciones se presentan en la Tabla 8.

Tabla 8. Combinaciones del reactivo Etapa 3

		Relación [DQO/H$_2$O$_2$]		
		10X	20X	30X
Relación [Fe^{2+}/H$_2$O$_2$]	**0.2**	Ensayos: 2 repeticiones		
	0.6			
	1.0			

*Se probarán 3 variaciones de pH (2, 3 y 4)

Para obtener las dosis óptimas de la ET3, se realizaron los ensayos descritos a continuación.

1) Se agitó la mezcla correspondiente (con los reactivos) a 300 rpm durante 1 minuto y posteriormente se redujo a 30 rpm, a pH 3 durante 2 horas.
2) Se analizaron y graficaron los resultados para decidir las dosis óptimas

Para obtener el pH óptimo.

3) Se analizan los resultados correspondientes a cada ensayo con el análisis de varianza de una vía se determina la dosis óptima.
4) Se graficanan y analizan los resultados obtenidos y se procede a seleccionar el pH que remueva mejor la materia orgánica medida como DQO.

Para obtener el tiempo de contacto óptimo.

5) Una vez obtenido el pH y dosis optimas se prosiguió a obtener el tiempo de contacto óptimo. Para ello se usó el equipo para pruebas de jarras en donde se realizó la mezcla rápida a 300 rpm durante 1 minuto. Posteriormente se redujo la velocidad de agitación a 30 rpm. Se tomaron muestras de la mezcla durante 2 horas (5, 10, 20, 40, 60, 80, 100 y 120 minutos).
6) A continuación, se tomó una muestra homogénea para determinar las concentraciones de DQO y color y seleccionar el tiempo de contacto optimo referente a la mejor remoción de materia orgánica.

En todas las pruebas realizadas, el efluente resultante se dejó sedimentar.

Lixiviado final

El efluente final resultante de la tercera etapa fue ajustado a pH 7 con una solución de NaOH 1N, esto para poder efectuar propiamente la descarga de aguas residuales además que a pH neutro se termina la reacción y precipita el hierro remanente (Wang et al. 2016).

Como paso final, el efluente resultante de la ET3 que fue tratado con las condiciones y dosis optimas seleccionadas se filtró con filtro de fibra de vidrio de 1 μm y se obtuvo el efluente final. Luego se realizaron las pruebas de medición con los parámetros de control del sistema y se realizó la caracterización fisicoquímica e identificación de compuestos orgánicos.

La filtración se llevó a cabo con filtros GF/C marca Whatman No. 41 (20-25 μm de diámetro de poro).

Para determinar el tiempo de contacto óptimo se graficaron los resultados obtenidos en las pruebas experimentales (tiempo contra porcentaje de remoción de materia orgánica y color). El valor óptimo fue seleccionado de acuerdo al tratamiento que requirió menos tiempo en obtener el mayor porcentaje de remoción de DQO.

pH y dosis de reactivo Fenton óptimos

Se analizaron los resultados experimentales generados de las relaciones $[Fe^{2+}]/[H_2O_2]$ y $[DQO]/[H_2O_2]$ de las etapas 2 y 3 y el pH óptimo de cada etapa empleando el programa STATGRAPHICS mediante un Análisis de Varianza Multifactorial y el método de diferencia mínima significativa de Fischer para contrastar las medias de cada tratamiento (Montgomery, 1983):

$$yij = \mu + \alpha i + \varepsilon$$

Donde:

yi: Remoción de materia orgánica (DQO)

μ: Gran media de la variable respuesta.

αi: Efecto del tratamiento (oxidación con reactivo Fenton, pH) sobre la variable respuesta.

εi: Error aleatorio (debido a la variabilidad de la composición del lixiviado y los errores de laboratorio).

Determinación del H_2O_2 residual

Para determinar la posible interferencia del H_2O_2 residual en la medición del parámetro de la DQO (da Costa et al. 2018) se cuantificó el H_2O_2 residual en cada etapa con el método de titulación por Iodometría.

La determinación del H_2O_2 residual se aplicó en las muestras resultantes de las etapas optimizadas de acuerdo a las instrucciones del kit Hydrogen Peroxide Test Kit HYP-1 (2291700).

1. Se preparó una dilución 1:20, y 1:10 de las muestras.
2. A la muestra de 30 ml con la dilución se le agregó 1 ml de molibdato de amonio.
3. Se adicionó un sobre que contiene ioduro de potasio y carbonato de potasio. Se esperó un cambio de color a azul intenso que indica la presencia del peróxido.

4. Se dejó la muestra a reposar por 5 minutos, se vertió la muestra preparada en el matraz.
5. Luego se tituló con Tiosulfato de sodio en gotas. Se contó el número de las gotas hasta que la muestra se volvió transparente o de color amarillo muy claro.
6. Se registró el número de gotas. * El número de gotas de la solución titulante es igual al resultado en mg / L

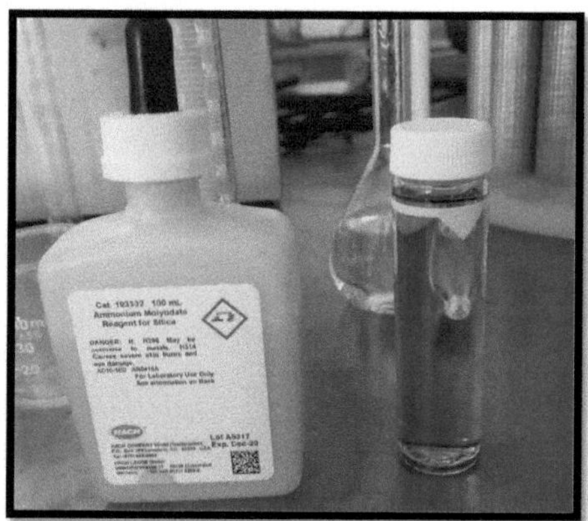

Figura 3. Determinación del H_2O_2 residual

Identificación de componentes orgánicos por cromatografía

Para identificar la composición orgánica en el lixiviado crudo y en los efluentes de cada etapa, se realizó el análisis de cromatografía de gases acoplado a espectrometría de masas (CG-EM) como se encuentra reportado en Escalante (2018). Para la extracción de las muestras se empleó el método líquido-líquido utilizando un cromatógrafo marca Thermo Scientific Modelo Trace GC ULTRA acoplado al espectrómetro modelo ITQ 900: el programa de temperatura del horno del cromatógrafo de gases fue ajustado desde 50 °C (sostenido por 1 min) con incremento de 4° C/min hasta 220 °C (sostenido por 2 min); para posteriormente llegar hasta 300 °C (sostenido por 1 min) con una rampa de 5 °C/min. El volumen de inyección fue de1 µL, en un inyector de temperatura programada a 220 °C en la modalidad de splitless (Escalante, 2018).

Resultados y discusión

Caracterización del lixiviado crudo del Relleno Sanitario de Mérida

Los resultados de los parámetros fisicoquímicos para lixiviados crudos que se almacenan en el relleno sanitario de la Cd. de Mérida, Yucatán se pueden observar en la Tabla 9. Se presentan los resultados promedio de los valores obtenidos en todos muestreos de los parámetros de interés que describen las características del lixiviado crudo (LC).

Tabla 9. Caracterización de Lixiviado Crudo del Relleno de Mérida, Yucatán

Lixiviado Crudo	
pH	8.35
Conductividad (μS/cm)	16,290
DBO_5 (mg/L)	459
DQO (mg/L)	7,503.5
IB (DBO_5/DQO)	0.0611
Solidos totales ST (mg/L)	11,161
Solidos suspendidos totales SST (mg/L)	29
NTK (mg/L)	408.576
$N-NH_3$ (mg/L)	236.208
Alcalinidad (mg/L) *	3,876
Color (U-Pt-Co)	30,900
Turbidez (UNT)	29.7

Como se puede observar en la Tabla 9, se encontraron grandes cantidades de materia orgánica medida como DQO_T. Estos resultados presentaron características que se le atribuyen a un lixiviado maduro o antiguo (Tchobanoglous *et al.*, 1994; Renou *et al.*,

2008; Amor *et al.*, 2012). Se presentaron nitrato de amonio, metales pesados, sales orgánicas e inorgánicas que se encuentran comúnmente en los lixiviados de los rellenos sanitarios (Wang *et al.*, 2012). También se encontraron contaminantes que pertenecen a las listas internacionales de compuestos peligrosos tanto para el ambiente como para la salud humana.

Con respecto al pH, este corresponde a un valor de lixiviado maduro de acuerdo con Reneou (2008). Sin embargo, la calidad del lixiviado con respecto a este parámetro es afectado por el material de cubierta del relleno (sahcab), el cual es de un material calizo (Méndez *et al.*, 2010). Este material actúa como un filtro reteniendo partículas de mayor tamaño y reacciona disolviendo carbonatos, con lo que le confiere al lixiviado altos valores de Na, K y dureza. Además, la precipitación pluvial disuelve los carbonatos del material de cubierta, de la misma forma actúan los lixiviados generados que percolan hacia el fondo de la celda del relleno sanitario, proporcionando aumento del pH y la alcalinidad al lixiviado (Méndez *et al.*, 2002). Esto coincide con los altos valores de alcalinidad que se reportan en este estudio para el lixiviado crudo.

La concentración elevada de la DQO se asocia con el manejo interno del relleno sanitario de Mérida. Como parte del manejo se almacenan lixiviados de todas las edades en unas lagunas de evaporación, y son de nuevo enviados a las celdas del relleno donde se tienen los residuos en proceso de estabilización, por lo que los lixiviados son recirculados y mezclados los lixiviados de diferentes edades (García, 2006; San Pedro, 2015). Esto proporciona al lixiviado características mixtas, por lo que se forma un lixiviado complejo.

De acuerdo con Yokoyama et al. (2009) la concentración orgánica medida como DBO_5 decrece más rápidamente que la DQO, la cual permanece en el lixiviado debido a la presencia de material orgánico refractario. Con el tiempo, la fracción biodegradable de los contaminantes orgánicos de los lixiviados decrece; como resultado, un alto contenido de DQO y amonio, y una baja relación de (DBO_5/DQO) aumentan la dificultad en el tratamiento biológico de los lixiviados (Sang *et al.*, 2008). Con respecto a la fracción biodegradable de los contaminantes orgánicos en los lixiviados del relleno sanitario se presentó una disminución por la edad de los mismos. Y esto puede verse reflejado en las altas concentraciones de DQO, amonio y un bajo índice de biodegradabilidad (DBO_5/DQO).

Para el lixiviado de Mérida, el IB es de 0.061 lo que significa que en estas condiciones un tratamiento biológico no sería apropiado para este lixiviado (Amor *et al.*, 2015; San Pedro, 2015) puesto que para un tratamiento biológico se requieren valores superiores a 0.3 del índice de biodegradabilidad (Renou *et al.*, 2008) y 0.25 (Amor *et al.*, 2015).

Por otro lado, la concentración de color es elevada, esto indica que la mayor parte de partículas totales están disueltas, de acuerdo a la Tabla 9 se tiene solo 29 mg/L de SST y el resto está disuelto (99.9%). También coincide con las altas cantidades de materia orgánica presentes que aumentan el color.

Por otra parte, el nitrógeno total (NTK) presentó valores más bajos en comparación con lo reportado por otros autores, al igual que el nitrógeno amoniacal (N-NH3), sin embargo, el 57.8% está presente como N-NH3. La relación entre NTK y N-NH3 es similar a lo reportado por Escalante (2018) donde el nitrógeno amoniacal presentó un 59% con respecto al nitrógeno total. Las bajas concentraciones de nitrógeno que se presentaron pueden ser debidas la época de lluvias y las características variables del lixiviado.

Con respecto a la conductividad alta (16,290 µS/cm) es causada principalmente por concentraciones de cloruros, sulfatos, amonio, potasio, sodio, etc. (Zhang *et al.*, 2013). Valores similares se han presentado para este mismo lixiviado por Escalante (2018) que reportó 14,406.7 µS/cm y Cervantes (2015) con 13,165 µS/cm.

Cuantificación de metales de interés

En la Tabla 10 se tienen los resultados del análisis de metales en el LC y en el lixiviado final tratado con Fenton en etapas.

Tabla 10. Resultados de análisis de metales pesados en lixiviados crudos y tratados con Fenton

Muestra	Cd (µg/L)	DE	Cr (µg /L)	DE	Pb (µg /L)	DE
LC	5.1367	0.1454	758.9222	28.0970	DLD	-
E2	3.6719	0.1086	499.8708	14.1090	3.9726	0.2110
E3	9.4886	0.3693	617.0146	15.1929	318.5838	23.7138

DE: Desviación estándar

DLD: Debajo del límite de detección

La presencia de metales pesados (Cd, Cr y Pb) en el lixiviado crudo se encontró sobre Límite Máximo Permisible (LMP) para descarga de aguas residuales de acuerdo a la

NOM-052-SEMARNAT-2005 siendo de 1 mg/L para el Cd, y 5 mg/L para Pb y Cr. Los resultados obtenidos indican que para este año no hubo una gran influencia del material de cubierta como se ha reportado años posteriores en donde la concentración inicial fue menor por el material de cobertura utilizado (Méndez *et al.,* 2002). Esto puede ser debido al manejo interno que se le está dando actualmente a los lixiviados.

Con respecto al efluente final de la ET3, la concentración para el Pb y Cd aumentó. Esto puede deberse a los reactivos que se utilizaron en la reacción y su grado de pureza ya que se especifica que tanto el H_2O_2 (30%) como el Sulfato Ferroso Heptahidratado (Fe^{2+}) tienen metales traza como el Pb y Cd. También la cantidad agregada de cada uno de los reactivos a la reacción fue mayor a comparación de la concentración que suele agregarse para el Fenton convencional. Por lo tanto, este aumento en concentración del Pb y Cd puede explicarse debido a la adición de una gran concentración de reactivos Fenton en cada etapa comparada a lo que había sido utilizada anteriormente en otros estudios.

Para el análisis del Cr, este disminuyó en el efluente final de la ET3 con respecto al LC inicial.

Optimización del Proceso Fenton en etapas

Para establecer las condiciones óptimas del proceso Fenton en las ET2 y ET3 del lixiviado del relleno sanitario de la Cd. Mérida, Yucatán, se realizaron los ensayos propuestos en la metodología.

Dosis optimas de reactivo Fenton en la Etapa 2 (ET2)

Para determinar las dosis optimas de reactivos, en la ET2 y ET3 se realizaron 9 ensayos en cada etapa (cada uno realizado por duplicado) con el equipo de prueba de jarras donde los lixiviados fueron sometidos al proceso Fenton para determinar las dosis optimas H_2O_2 y Fe^{2+} por medio de las relaciones optimas DQO/H_2O_2 y Fe^{2+}/H_2O_2. Los tratamientos para la ET2 y ET3 se numeraron del 1 al 9, y del 11 al 18 respectivamente. En la Tabla 10 se presentan las combinaciones de cada tratamiento de la ET2 con sus respectivos resultados.

Tabla 11. Resultados obtenidos según las dosis probadas en los lixiviados para la ET2 (con base al porcentaje de remoción de materia orgánica medida como DQO_T y Color (U- Pt-Co

Número de Tratamiento	Relaciones		Remociones			
	Fe^{+2}/H_2O_2	DQO/H_2O_2	DQO	% DQO	Color	% Color
1	0.2	10x	1162.94	84.50	1155	96.26
2	0.2	20x	1725.16	77.01	1045	96.62
3	0.2	30x	2136.05	71.53	1110	96.41
4	0.6	10x	908.61	87.89	1515.00	95.10
5	0.6	20x	1167.02	84.45	1440.00	95.34
6	0.6	30x	1950.40	74.01	1340.00	95.66
7	1	10x	706.07	90.59	1985.00	93.58
8	1	20x	1097.18	85.38	2440.00	92.10
9	1	30x	1047.12	86.04	2030.00	93.43

En las figuras 4 y 5 se reportan los gráficos de la eficiencia de remoción de DQO_T y color, resultantes de las combinaciones de las relaciones de dosis propuestas en la metodología. Posteriormente en las Tablas 11 y 12 se presentan los resultados del ANOVA de este experimento para ambos parámetros.

Tabla 12. ANOVA de un modelo de un factor, para la remoción de la materia orgánica de lixiviados (medida como DQOT).

Fuente	Suma de Cuadrados	Gl	Cuadrado Medio	Razón-F	Valor-P
Entre grupos	689.893	8	86.2367	78.60	0.0000
Intra grupos	9.8749	9	1.09721		
Total (Corr.)	699.768	17			

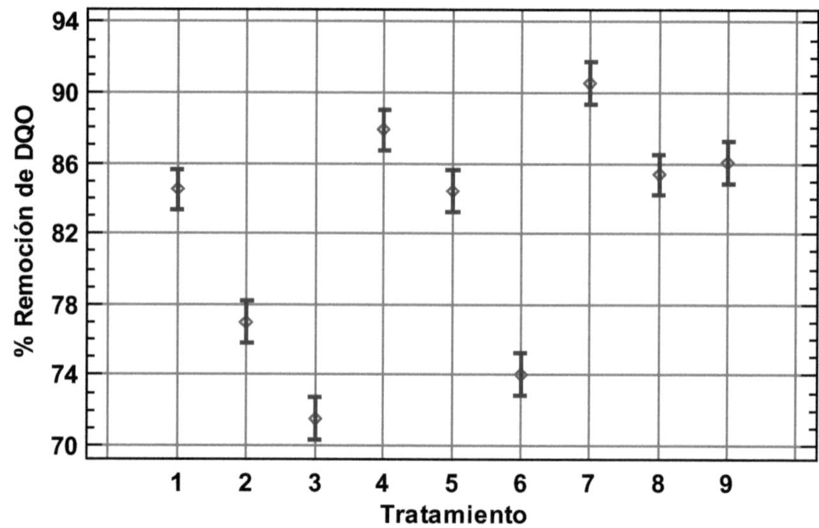

Figura 4. Eficiencia de remoción de DQOT en la ET2 vs dosis de DQO/H_2O_2 y Fe^{+2}/H_2O_2

Dado que el valor-P de la prueba-F es menor que 0.05 en los resultados obtenidos del ANOVA indican que existe una diferencia estadísticamente significativa entre la media de %Remoción de DQO entre un nivel de un Tratamiento y otro, con un nivel del 5% de significación. Por lo tanto, se elige el tratamiento 7 como el óptimo al ser este la combinación de dosis que presenta una mayor remoción de la DQO en la ET2. Al tratamiento 7 le corresponde a una relación de DQO/H_2O_2 = 10x y Fe^{2+}/H_2O_2 = 1.

Tabla 13. ANOVA de un factor, para la remoción de color por Tratamiento ET2

Fuente	Suma de Cuadrados	Gl	Cuadrado Medio	Razón-F	Valor-P
Entre grupos	39.1424	8	4.8928	7.51	0.0033
Intra grupos	5.86035	9	0.65115		
Total (Corr.)	45.0028	17			

48

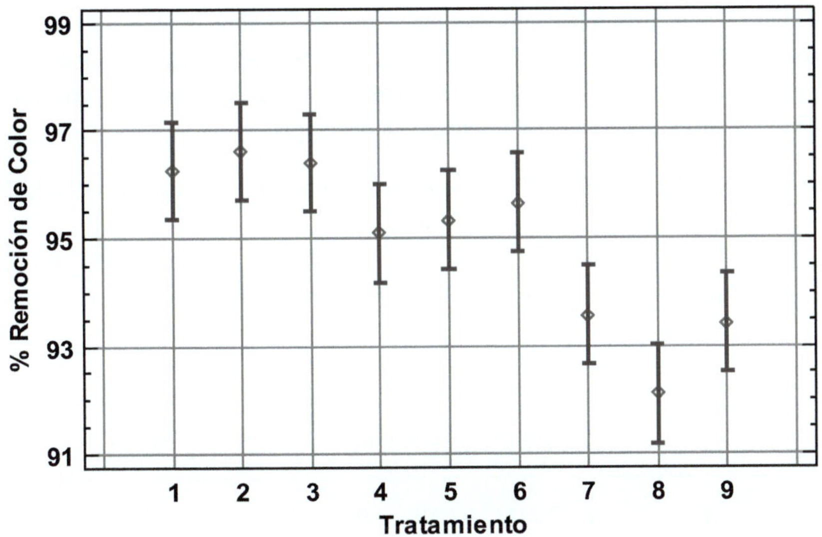

Figura 5. Eficiencia de remoción de color en la ET2 según las dosis de DQO/H_2O_2 y Fe^{+2}/H_2O_2

De acuerdo a los resultados del ANOVA de la Tabla 12 existe una diferencia estadísticamente significativa entre la media de % Remoción de color entre un nivel de Tratamiento y otro, con un nivel del 5% de significación.

Los resultados presentados demuestran que el Fe^{2+} contribuye al aumento de color en los tratamientos. Por ello, la presencia de color se da en menor cantidad en los primeros tres tratamientos donde el Fe^{2+} se agregó en menor medida, y se pudo observar un aumento de color para los tratamientos 7,8,9 donde se agrega más cantidad de este reactivo lo cual puede ser indicativo que la coloración remanente después de la oxidación se debió principalmente a la presencia de hierro, por lo tanto, este efecto en la coloración del efluente puede ser despreciado (Primo *et al.*, 2008).

Por lo tanto, en esta etapa el color no se considera para seleccionar el tratamiento óptimo con las dosis óptimas correspondientes. Se eligió el tratamiento 7 como el óptimo ya que aporta mayor eficiencia de remoción de materia orgánica.

Una vez que se tuvieron los valores de las relaciones para las dosis óptimas la siguiente prueba fue establecer los valores de pH óptimos.

pH óptimo de reactivo Fenton en la Etapa 2 (ET2)

En la Tabla 13 se muestran las combinaciones de cada tratamiento con sus respectivos resultados reportados en % de eficiencia de remoción de materia orgánica medida como DQO_T y color, y en mg/L. Se probaron las relaciones de las dosis optimas encontradas en la ET2 y se probaron frente a diferentes valores de pH.

Tabla 14. Resultados obtenidos de pH probados con las dosis optimas encontradas de la ET2

pH	DQO	% DQO	Color	% Color
2	1818.86253	75.4495574	1855	94
3	1377.31517	81.6443661	1727.5	94.41
4	706.070073	90.5901249	1985	93.58

Tabla 15. Resultados del ANOVA para la eficiencia de remoción de DQO por pH

Fuente	Suma de Cuadrados	Gl	Cuadrado Medio	Razón-F	Valor-P
Entre grupos	264.037	2	132.018	1814.77	0.0000
Intra grupos	0.363733	5	0.0727467		
Total (Corr.)	264.401	7			

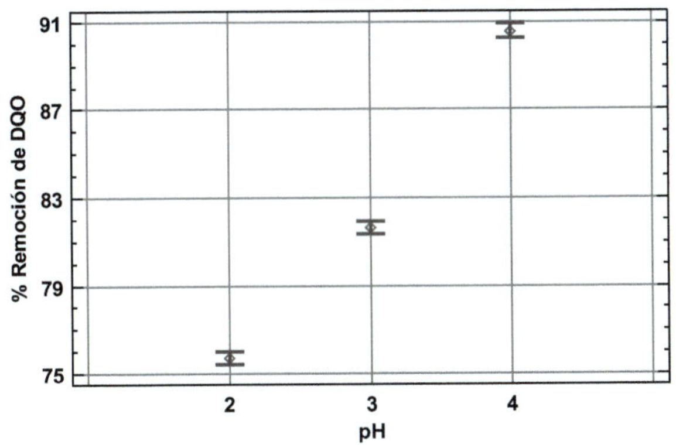

Figura 6. Eficiencia de remoción de DQO en la ET2 según la prueba de pH

De acuerdo a la Figura 6 y los resultados obtenidos del ANOVA presentan que existe una diferencia estadísticamente significativa entre la media de % Remoción de DQO entre diferentes valores de pH. Por lo tanto, se elige el pH 4 como el óptimo para la ET2.

Tabla 16. Resultados del ANOVA para la eficiencia de remoción de color por pH ET2

Fuente	*Suma de Cuadrados*	*Gl*	*Cuadrado Medio*	*Razón-F*	*Valor-P*
Entre grupos	0.705633	2	0.352817	0.59	0.6080
Intra grupos	1.7941	3	0.598033		
Total (Corr.)	2.49973	5			

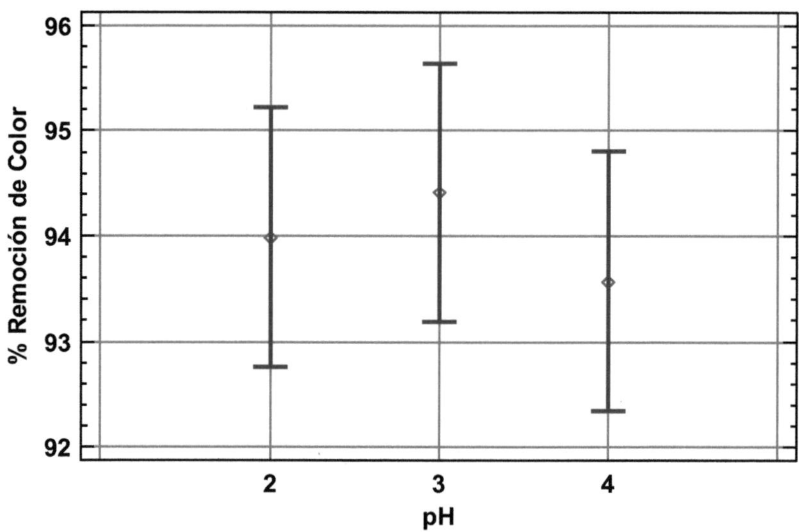

Figura 7. Eficiencia de remoción de color en la ET2 según la prueba de pH

Para determinar los tratamientos que son significativos entre sí se empleó el método de diferencia mínima significativa (DMS) de Fisher.

Tabla 17. Pruebas de Múltiple Rangos para % Remoción de color por pH

pH	Casos	Media	Grupos Homogéneos
4	2	93.575	X
2	2	93.99	X
3	2	94.415	X

Tabla 18. Diferencias entre valores de pH ET2

Contraste	Sig.	Diferencia	+/- Límites
2 - 3		-0.425	2.46107
2 - 4		0.415	2.46107
3 - 4		0.84	2.46107

* indica una diferencia significativa.

Como se presenta en la figura 7 y los resultados del ANOVA en la Tabla 15, no hay diferencia estadísticamente significativa entre los resultados de remoción de color obtenidos en la prueba de pH óptimos. En la Tabla 16 se realizó una comparación múltiple para determinar cuáles medias son significativamente diferentes de otras y en la Tabla 17 se identifica un grupo homogéneo, lo cual indica que no existe diferencia significativa de remoción de color con respecto a pH. Por ello se selecciona el tratamiento con pH 4, ya que es el que remueve más materia orgánica medida como DQO, además se gasta menos reactivo para alcanzar este pH.

Una vez que se obtuvieron las dosis optimas y los valores de pH óptimos la siguiente prueba fue establecer el tiempo de contacto óptimo para la Etapa 2.

Tiempo de contacto óptimo de reactivo Fenton en la Etapa 2 (ET2)

Para obtener el tiempo de contacto optimo se probó con el pH y dosis optimas encontradas en esta investigación que corresponden a $Fe^2/H_2O_2 = 1$, $DQO/H_2O_2 = 10X$ y pH 4.

En la tabla 18 se presentan los resultados obtenidos de los ensayos realizados por duplicado para determinar el tiempo óptimo de reacción. La eficiencia de remoción de la materia orgánica de los lixiviados está basada en la DQO_T.

Tabla 19. Resultados de los ensayos para determinar el tiempo óptimo de reacción

TC	DQO (mg/L)	% DQO	Color (U-Pt-Co)	% Color
5	724.694215	90.3419	2480	91.97411
10	619.933419	91.7381	1510	95.1132686
20	661.837737	91.1796	1300	95.7928803
40	740.990339	90.1247	1600	94.8220065
60	701.414038	90.6522	2030	93.4304207
80	743.318356	90.0937	2480	91.97411
100	692.101967	90.7763	2060	93.3333333
120	740.990339	90.1247	1930	93.7540453

Tabla 20. Resultados del análisis de varianza para la Remoción de DQO por Tiempo (min.)

Fuente	Suma de Cuadrados	Gl	Cuadrado Medio	Razón-F	Valor-P
Entre grupos	3.25334	7	0.464763	25.16	0.0001
Intra grupos	0.14775	8	0.0184687		
Total (Corr.)	3.40109	15			

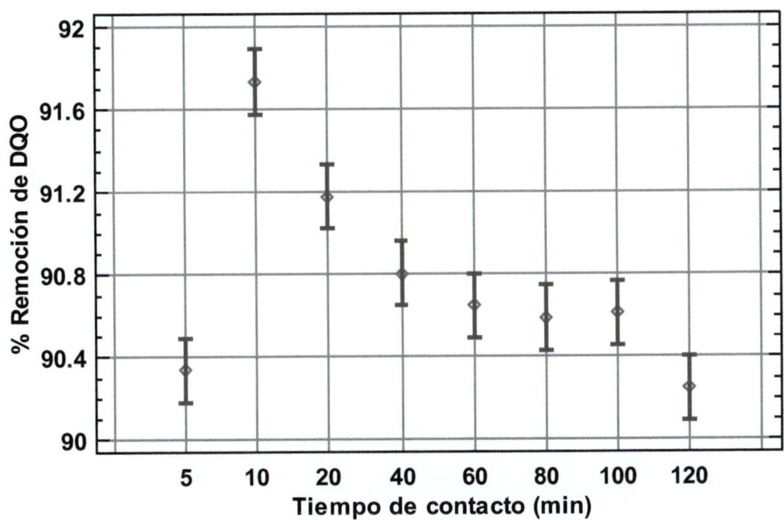

Figura 8. Eficiencia de remoción de DQO en la ET2 vs Tiempo de contacto

En concordancia con los resultados del ANOVA mostrados en la Tabla 19, existe una diferencia estadísticamente significativa entre la media de % Remoción de DQO entre un nivel de Tiempo (min) y otro, con un nivel del 5% de significación.

En la Figura 8 se encuentran las eficiencias de remoción promedio de la DQO_T vs el tiempo de contacto. De acuerdo con la gráfica y resultados del ANOVA se tiene que el tiempo de contacto óptimo es de 10 minutos, siguiéndole en eficiencia el tiempo de contacto de 20 minutos, con una diferencia significativa con respecto a la remoción. Estos resultados se obtuvieron aplicando el procedimiento de comparación múltiple de Fisher.

Referente al color, se tienen los resultados mostrados en la Tabla 20 y Figura 9.

Tabla 21. ANOVA para % Remoción de color por Tiempo (min)

Fuente	*Suma de Cuadrados*	*Gl*	*Cuadrado Medio*	*Razón-F*	*Valor-P*
Entre grupos	27.5167	7	3.93096	117.06	0.0000
Intra grupos	0.26865	8	0.0335812		
Total (Corr.)	27.7854	15			

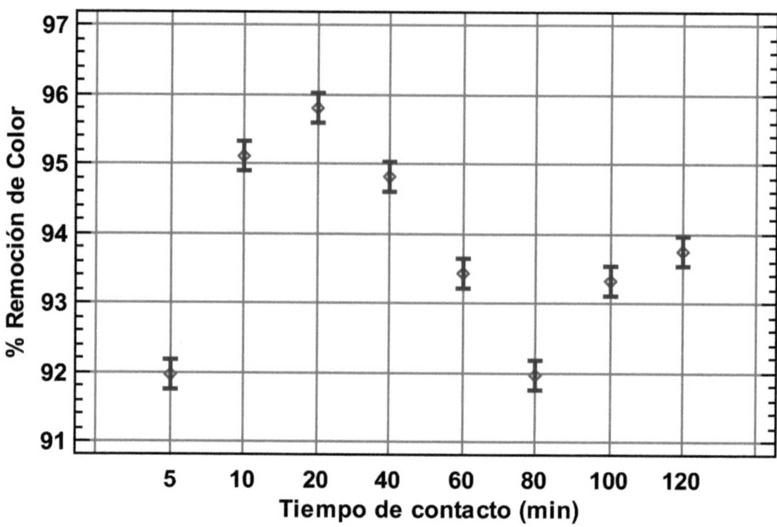

Figura 9. Eficiencia de remoción de color en la ET2 vs Tiempo de contacto

De acuerdo a la Tabla 20 ANOVA existe una diferencia estadísticamente significativa entre la remoción de color entre un nivel de Tiempo (min) y otro, con un nivel del 5% de significación. Con respecto a la remoción de color, el tiempo de contacto optimo es de 20 min. Sin embargo, para esta etapa se tomó en cuenta el tiempo de remoción óptimo para la materia orgánica medida como DQO (10 minutos).

Dosis optimas de reactivo Fenton en la etapa 3 (ET3)

Se realizaron 9 combinaciones de las dosis (cada uno realizado por duplicado) para la prueba de jarras a lixiviados sometidos al proceso Fenton para determinar las relaciones optimas de DQO/H_2O_2 y Fe^{2+}/H_2O_2 en la ET3. En la Tabla 21 se presentan los tratamientos correspondientes a las combinaciones de los compuestos para obtener la dosis óptima en esta etapa con los resultados obtenidos en porcentaje remoción de materia orgánica medida como DQO_T en cada uno de los tratamientos aplicados a los lixiviados.

En las figuras 10 y 11 se observan los gráficos de medias según DQO y color. Posteriormente en las Tablas 22 y 23 se presentan los resultados del ANOVA de este experimento para ambos parámetros de control.

Tabla 22. Resultados obtenidos según las dosis probadas ET3

Número de Tratamiento	Relaciones		Remociones			
	Fe^{+2}/H_2O_2	DQO/H_2O_2	DQO (mg/L)	% DQO	Color (U-Pt-Co)	% Color
10	0.2	10x	531.47	92.92	735	97.62
11	0.2	20x	688.61	90.82	615	98.01
12	0.2	30x	735.17	90.20	555	98.20
13	0.6	10x	539.62	92.81	715	97.69
14	0.6	20x	555.91	92.59	565	98.17
15	0.6	30x	604.80	91.94	580	98.12
16	1	10x	589.67	92.14	820	97.35
17	1	20x	487.24	93.51	600	98.06
18	1	30x	605.97	91.92	520	98.32

Tabla 23. ANOVA de un factor para la remoción de DQO en ET3

Fuente	Suma de Cuadrados	Gl	Cuadrado Medio	Razón-F	Valor-P
Entre grupos	17.3485	8	2.16856	4.86	0.0147
Intra grupos	4.0123	9	0.445811		
Total (Corr.)	21.3608	17			

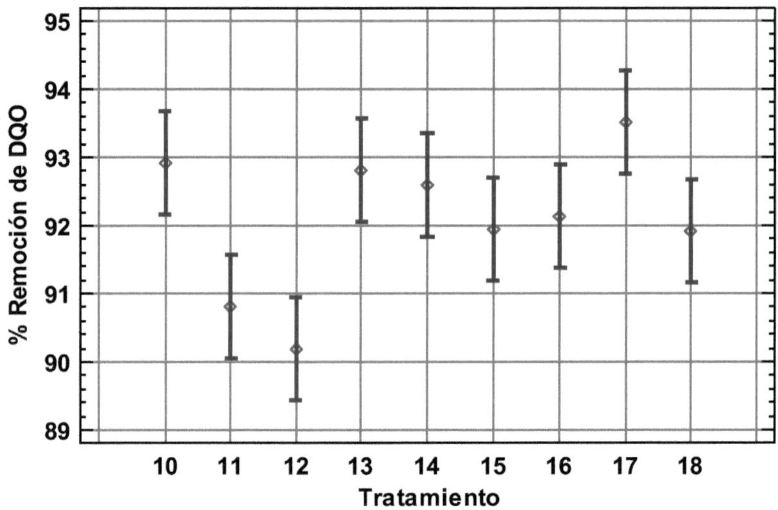

Figura 10. Eficiencia de remoción de DQO en ET3, según las dosis de DQO/H_2O_2 y Fe^{+2}/H_2O_2

De acuerdo con la figura 10 y los resultados del ANOVA existe una diferencia estadísticamente significativa entre la media de % Remoción de DQO entre un nivel de Tratamiento y otro, con un nivel del 5% de significación siendo el tratamiento 17 el mejor para la remoción de la DQO en la ET3.

En la Tabla 21 se presentaron los resultados de remoción de color en la ET3 según las dosis probadas y en la Tabla 23 se presentan los resultados del ANOVA para este parámetro.

Tabla 24. ANOVA para remoción de color por tratamiento

Fuente	Suma de Cuadrados	Gl	Cuadrado Medio	Razón-F	Valor-P
Entre grupos	1.65565	8	0.206956	5.13	0.0124
Intra grupos	0.363275	9	0.0403638		
Total (Corr.)	2.01892	17			

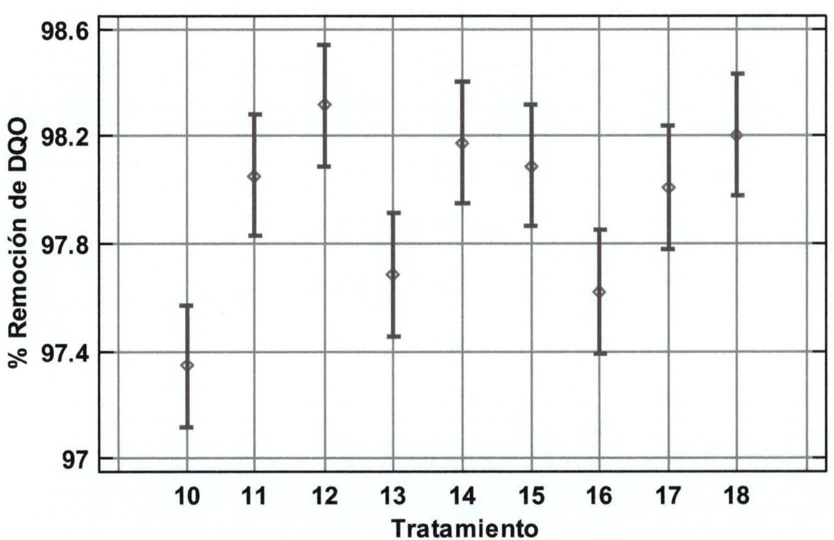

Figura 11. Eficiencia de remoción de color en la ET3 según las dosis de DQO/H_2O_2 y Fe^{+2}/H_2O_2

Concorde a la Tabla 23 ANOVA existe una diferencia estadísticamente significativa entre la remoción de color entre tratamientos, con un nivel del 5% de significación.

Se hicieron comparaciones múltiples para determinar las medias que son significativamente diferentes unas de otras. El método utilizado para tal efecto es el Diferencias Mínimas Significativas de Fischer (DMS) para un nivel de confianza del 95%.

Se compara el nivel de significancia con un nivel del 95.0% de confianza del tratamiento 12 (que presenta de acuerdo a la gráfica la mejor remoción de color) y el tratamiento 17 (el óptimo elegido con anterioridad en base a remoción de materia orgánica) obteniendo que estos pares no tienen diferencia significativa. En la Tabla 24 Indica que no existen diferencias estadísticamente significativas entre los niveles que compartan una misma columna de X's. Por lo que se elige el tratamiento 17 como el óptimo en esta etapa.

Tabla 25. Pruebas de Múltiple Rangos para color por tratamiento

tratamiento	*Casos*	*Media*	*Grupos Homogéneos*
10	2	97.345	X
16	2	97.62	XX
13	2	97.685	XXX
17	2	98.0088	XXX
11	2	98.055	XXX
15	2	98.09	XX
14	2	98.175	X
18	2	98.205	X
12	2	98.315	X

pH optimo ET3

En la Figura 12 se graficaron las eficiencias de remoción promedio de la dosis optima de la ET3 a valores pH de 2, 3 y 4. De acuerdo con la gráfica se encuentra que el pH óptimo para la ET3 es 4.

Tabla 26. Resultados de los ensayos para determinar el pH óptimo de reacción ET3

pH	DQO	%	Color	% Color
2	1058.37675	85.89489425	1597.5	94.83
3	842.647111	88.76994737	1372.5	95.56
4	487.23641	93.50654568	615	98.01

Tabla 27. ANOVA para % Remoción de DQO por pH

Fuente	*Suma de Cuadrados*	*Gl*	*Cuadrado Medio*	*Razón-F*	*Valor-P*
Entre grupos	69.5786	2	34.7893	505.71	0.0000
Intra grupos	0.343968	5	0.0687936		
Total (Corr.)	69.9226	7			

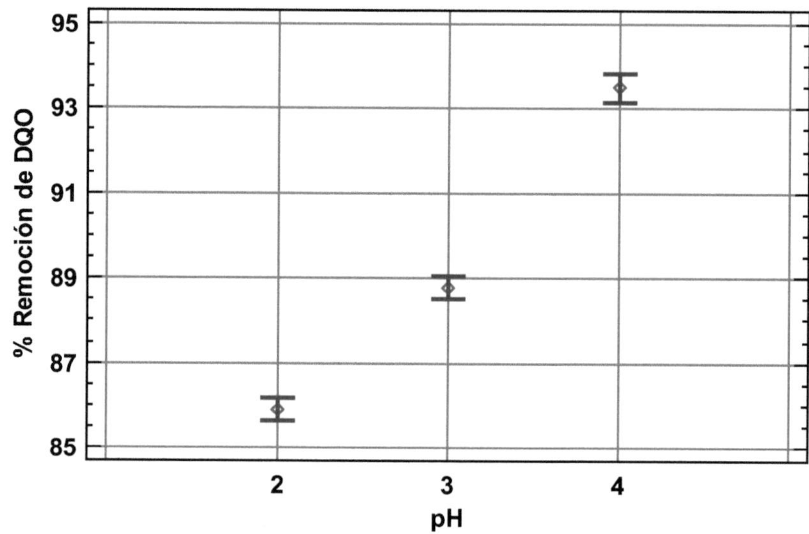

Figura 12. Eficiencia de remoción de DQO en la ET3 según prueba de pH

De acuerdo a la Figura 12 y los resultados del ANOVA existe una diferencia estadísticamente significativa entre la media de % Remoción de DQO entre un nivel de pH y otro, con un nivel del 5% de significación. Siendo el pH 4 el óptimo para la ET3 para la remoción de la materia orgánica.

Los resultados de la remoción de color en la ET3 se presentan en la Tabla 25. En la Tabla 27 y Figura 13 se pueden observar los resultados estadísticos.

Tabla 28. ANOVA para % Remoción de color por pH ET3

Fuente	Suma de Cuadrados	Gl	Cuadrado Medio	Razón-F	Valor-P
Entre grupos	11.0999	2	5.54993	53.75	0.0045
Intra grupos	0.309747	3	0.103249		
Total (Corr.)	11.4096	5			

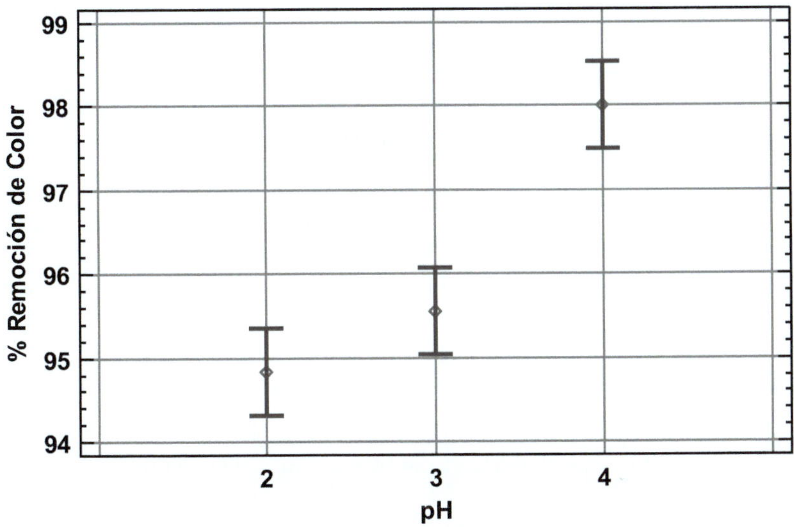

Figura 13. Eficiencia de remoción de color en la ET3 por pH probados

La Figura 13 y los resultados obtenidos del ANOVA presentan que existe una diferencia estadísticamente significativa entre la media de % Remoción de color entre diferentes tratamientos de pH. El pH 4 es el óptimo para la ET3, esto coincide con el pH óptimo para la remoción de materia orgánica. El color y la DQO disminuyeron de manera paralela, y puede deberse a que mientras menos materia orgánica se presente, es menor el color que se obtiene por la reducción de la materia orgánica.

Una vez obtenido el pH óptimo y las relaciones de las dosis optimas encontradas para esta etapa se procede a encontrar el tiempo de contacto óptimo.

Tiempo de contacto

Para obtener el tiempo de contacto optimo se probó con el pH y dosis optimas de $Fe^2/H_2O_2 = 1$, $DQO/H_2O_2 = 10X$ y pH 4 encontradas en esta investigación para la ET3.

En la Tabla 28 se presentan los resultados obtenidos de los ensayos realizados por duplicado para determinar el tiempo óptimo de reacción. La eficiencia de remoción de la materia orgánica de los lixiviados está basada en la DQO_T. Y en la Figura 14 se encuentran las eficiencias de remoción promedio de la DQOT vs el tiempo de contacto.

Tabla 29. Resultados de los ensayos para determinar el tiempo óptimo de reacción ET3

TC	DQO	% DQO	Color	% Color
5	473.268304	93.6927	640	97.9288026
10	445.332092	94.065	410	98.6731392
20	391.787685	94.7786	480	98.4466019
40	449.988127	94.003	780	97.4757282
60	480.252357	93.5996	690	97.7669903
80	529.140729	92.9481	630	97.961165
100	517.50064	93.1032	780	97.4757282
120	449.988127	94.003	590	98.0906149

Tabla 30. ANOVA para % Remoción de DQO por Tiempo (min)

Fuente	Suma de Cuadrados	Gl	Cuadrado Medio	Razón-F	Valor-P
Entre grupos	4.72649	7	0.675213	12.83	0.0009
Intra grupos	0.42105	8	0.0526312		
Total (Corr.)	5.14754	15			

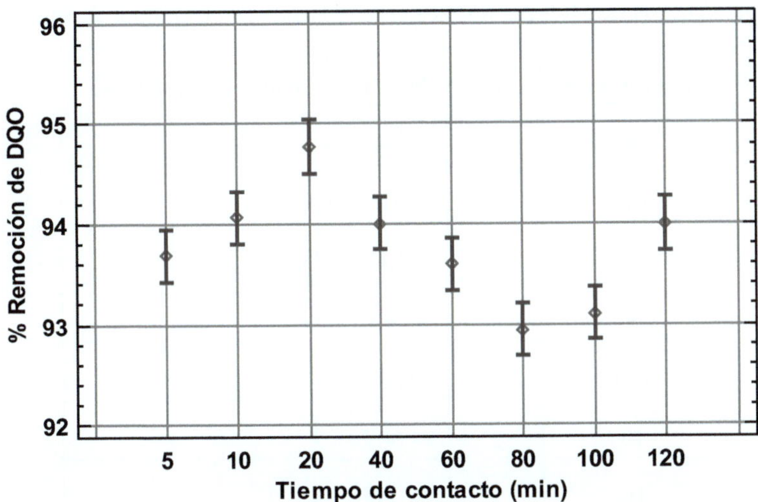

Figura 14. Eficiencias de remoción promedio (con base a la DQOT) para determinar el tiempo de reacción óptimo.

Los resultados del ANOVA muestran que existe una diferencia estadísticamente significativa entre la media de % Remoción de DQO entre un nivel de Tiempo (min) y otro, con un nivel del 5% de significación. Al comparar entre grupos, los minutos 10 y 20 tienen mejor remoción, sin embargo, se aplicó el método de Fisher para determinar si entre estos dos tiempos había diferencias significativas. Los resultados se presentan en la Tabla 30 donde se indica que si existe diferencia significativa entre estos tiempos de contacto.

De acuerdo con la Figura 14 y con los análisis de las tablas se obtiene el tiempo de contacto óptimo de 20 minutos.

Con respecto al color se presentan los resultados de la prueba ANOVA en la Tabla 31.

Tabla 31. Pruebas de Múltiple Rangos para % Remoción DQO por Tiempo (min)

Tiempo (min)	Casos	Media	Grupos Homogéneos
80	2	92.945	X
100	2	93.105	XX
60	2	93.6	XX
5	2	93.69	X
120	2	94.0	X
40	2	94.005	X
10	2	94.065	X
20	2	94.775	X

Tabla 32. ANOVA para A.% Remoción de color por Tiempo (min)

Fuente	Suma de Cuadrados	Gl	Cuadrado Medio	Razón-F	Valor-P
Entre grupos	2.53189	7	0.361699	69.14	0.0000
Intra grupos	0.04185	8	0.00523125		
Total (Corr.)	2.57374	15			

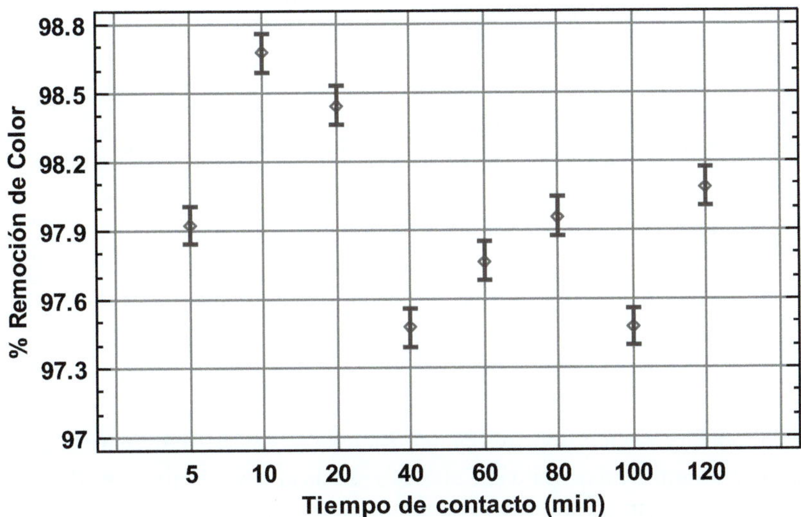

Figura 15. Eficiencia de remoción de color en la ET3 según TC probados

Los resultados de la Tabla 31 muestran que existe una diferencia estadísticamente significativa entre la media de % Remoción de color entre un nivel de Tiempo (min) y otro, con un nivel del 5% de significación. Esto se puede ver reflejado en la Figura 15. El tiempo de contacto para la remoción de color es de 10 minutos.

Sin embargo, el tiempo de contacto óptimo para esta etapa se eligió en base a la DQO ya que con respecto al color este será reducido al filtrar la muestra final. Por lo tanto, para la ET3 se elige el tiempo de contacto óptimo de 20 minutos. Esto difiere al tiempo óptimo de la primera etapa el cual es de 5 minutos y puede explicarse que los remanentes del lixiviado son más difíciles de oxidar, por lo que al producir mayor cantidad del agente oxidante se requirió de mayor tiempo de contacto.

Los valores óptimos encontrados en la ET3 son $Fe^2/H_2O_2 = 1$, $DQO/H_2O_2 = 20X$ y pH 4 con un TC=20 min.

Efecto de la Filtración en el efluente final de la ET3

El efluente final se filtró con filtro de fibra de vidrio y mejoró en un 0.35% la remoción de la materia orgánica y 0.63 % con respecto al color dando un total acumulado de 99.3%.

Los resultados finales de las medias de las muestras con filtrado y sin filtración se muestran en la Tabla 32.

Tabla 33. Efluente final con y sin filtración

Muestra	% DQO	DQO mg/L	% Color	Color (U-Pt-Co)
F	95.1199	366.17	99.3042	215
SF	94.775	391.78	98.4466	480

Se analizó estadísticamente y mostró que las diferencias no son significativas para la DQO, pero si son significativas para el Color de acuerdo al procedimiento de diferencia mínima significativa (DMS) de Fisher que se encuentra repostado en la Tabla 33 y 34 respectivamente.

Tabla 34. ANOVA para % Remoción DQO por Efluente Final

Fuente	Suma de Cuadrados	Gl	Cuadrado Medio	Razón-F	Valor-P
Entre grupos	0.142734	1	0.142734	7.68	0.0695
Intra grupos	0.0557508	3	0.0185836		
Total (Corr.)	0.198485	4			

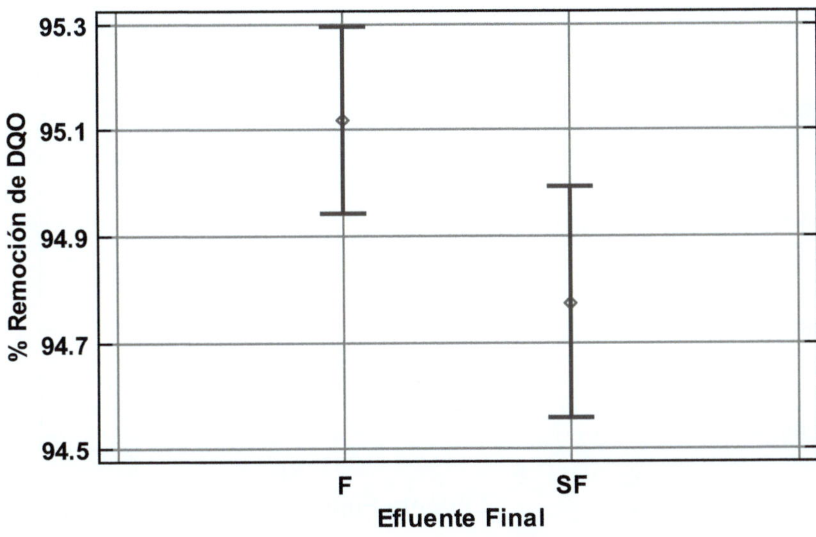

Figura 16. %Remoción de DQO del EF de muestras con filtración y sin filtración

Tabla 35. ANOVA para % Remoción color por Efluente Final

Fuente	Suma de Cuadrados	Gl	Cuadrado Medio	Razón-F	Valor-P
Entre grupos	0.735487	1	0.735487	53.00	0.0184
Intra grupos	0.0277542	2	0.0138771		
Total (Corr.)	0.763241	3			

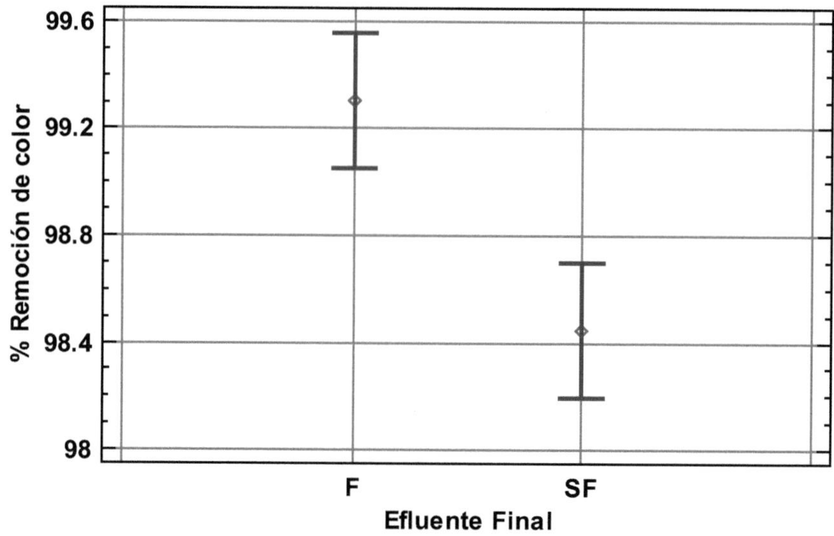

Figura 17. %Remoción de color del EF de muestras con Filtración y sin Filtración

Comparación de resultados obtenidos del Fenton en etapas

Para determinar las condiciones óptimas de las etapas se midieron los parámetros de control del proceso al inicio y después de cada una de las etapas del proceso Fenton. Las condiciones óptimas obtenidas en cada etapa se presentan en la Tabla 35.

Tabla 36. Resultados óptimos de parámetros de control al inicio y por etapa de tratamiento

Parámetro	Inicio	Efluente primera etapa	Efluente segunda etapa	Efluente tercera etapa
Color(U-Pt-Co)	30,900.00	2963.67	1510	215.00
DQOs (mg/L)	7,504.00	2156.82	619.93	366.17

En la Figura 18 se presentan los porcentajes de remoción de la materia orgánica (DQO) en cada etapa de tratamiento. Tomando en cuenta el efluente con las condiciones óptimas en la primera etapa se obtuvo una remoción de 71.25%, un poco menor al que ha sido reportado por San Pedro 2015; May 2017; Escalante 2018, hay muchos factores que afectan la calidad de lixiviados esto puede ser debido a la calidad de residuos depositados en el relleno y a la antigüedad del mismo. A mayor edad del relleno contiene mayor proporción de compuestos refractarios, por lo que el lixiviado se vuelve más difícil de oxidar.

Sin embargo, para la ET2 mejoró en gran medida el % de remoción con respecto a la ET1 de 20.48% y un acumulado del 91.73% con los valores óptimos de remoción acumulado esto fue un aumento de 20.48%. Esto indica que la materia orgánica que no se terminó de oxidar en la ET1 para la segunda mejoró en gran manera su oxidación. Mientras que para la tercera etapa se obtuvo un 95.12% lo cual representó un incremento neto del 23.87% sobre el proceso Fenton convencional (de una sola etapa). Este incremento supera 10% obtenido en el experimento de Hermosilla *et al.* (2009) donde los reactivos químicos fueron añadidos de modo continuo para el mantenimiento de la reacción oxidativa y en Escalante (2018) en dónde los reactivos se añadieron en etapas separadas manteniendo las relaciones optimas de la ET1. Además, la realización del proceso Fenton por etapas mejora su desempeño ya que la dosificación puntual de hierro favorece la formación de flóculos permitiendo una mejor sedimentación mientras que el ajuste del pH previene la extrema acidificación del lixiviado causada por la reacción de hidrólisis del hierro (Carra *et al.* 2014).

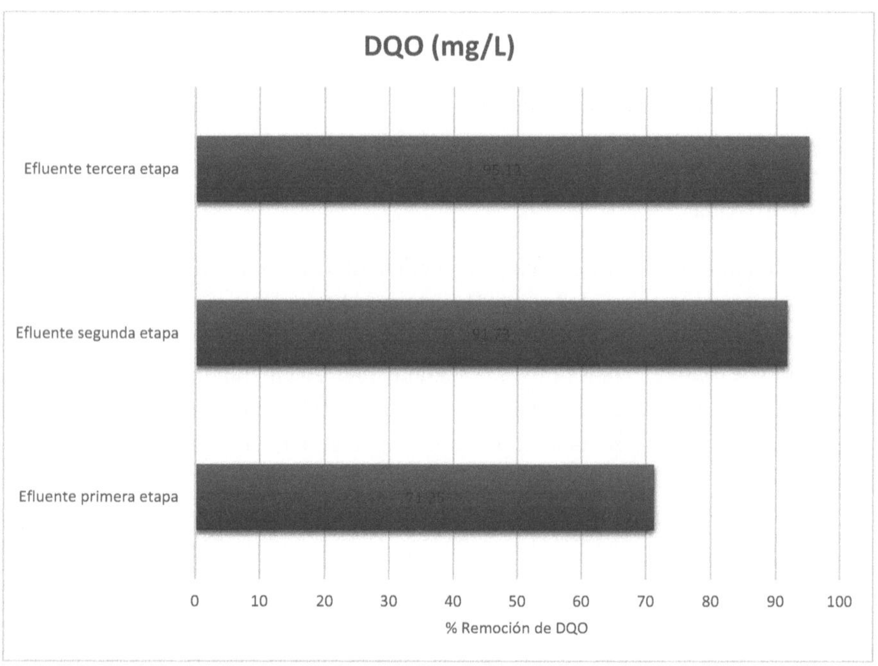

Figura 18. % Remoción de DQO por etapas

Con respecto al color, como se aprecia en la Figura 19, se alcanzó una alta eficiencia en la remoción de bajo las condiciones experimentales. Para la primera etapa el color del lixiviado crudo disminuyó notoriamente con un 90.4% y en cada una de las etapas del tratamiento Fenton siguió disminuyendo como consecuencia de la oxidación de la materia orgánica (Sang 2008; Yilmaz *et al.* 2010). El efluente final sin filtración alcanzó una remoción del 98.44% mientras que el efluente final mejoró este resultado alcanzando un 99.30%.

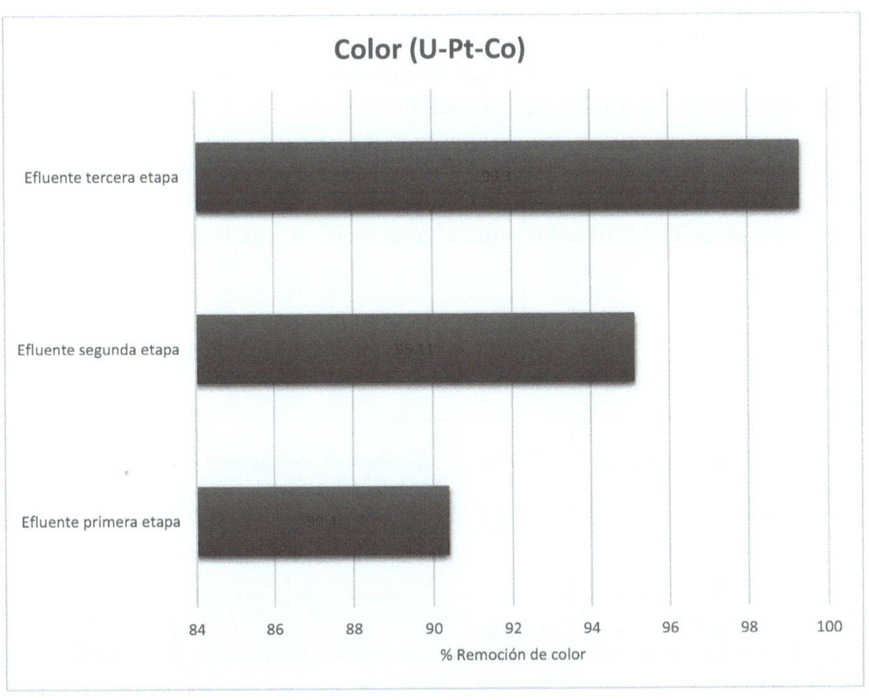

Figura 19. % Remoción de Color

Análisis estadístico

Los resultados del análisis estadístico indicaron que las diferencias entre las etapas del proceso de oxidación fueron significativas. Los resultados de la prueba de ANOVA se presentan en la Tabla 36.

Tabla 37. ANOVA para % Remoción de DQO por Etapas

Fuente	*Suma de Cuadrados*	*Gl*	*Cuadrado Medio*	*Razón-F*	*Valor-P*
Entre grupos	990.537	2	495.268	3551.65	0.0000
Intra grupos	0.836684	6	0.139447		
Total (Corr.)	991.373	8			

73

Posteriormente, se aplicó la prueba de rango múltiple para determinar si entre etapas la DQO era significativa y se encontró que las tres etapas fueron significativamente diferentes entre sí como se aprecia en la Tabla 37.

Asimismo, se observó en el gráfico de Fisher que, con un 95% de confianza, las diferentes etapas tuvieron resultados de remoción estadísticamente significativas siendo la tercera etapa la que obtuvo la más alta remoción acumulada (Figura 20).

Tabla 38. Medias para % Remoción de DQO por Etapas con intervalos de confianza 95.0%

Etapas	*Casos*	*Media*	*Grupos Homogéneos*
1	3	71.254	X
2	3	91.4382	X
3	3	95.1199	X

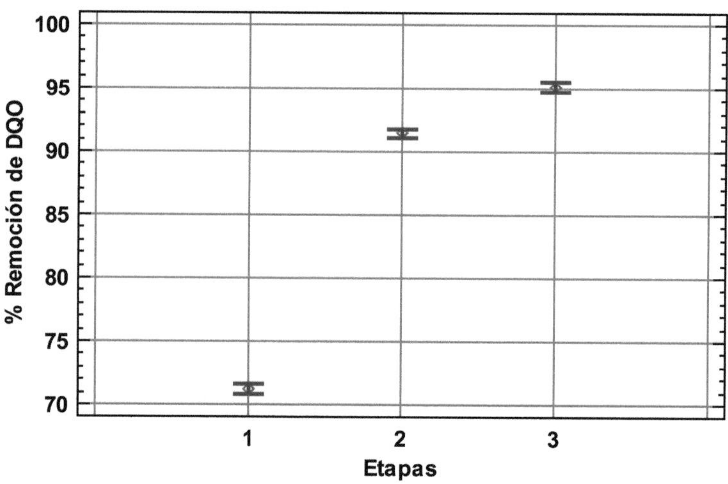

Figura 20. Gráfico de Fisher % Remoción de DQO por etapas

Tabla 39. ANOVA para % Remoción de Color por Etapas

Fuente	*Suma de Cuadrados*	*Gl*	*Cuadrado Medio*	*Razón-F*	*Valor-P*
Entre grupos	94.806	2	47.403	3166.94	0.0000
Intra grupos	0.0598723	4	0.0149681		
Total (Corr.)	94.8658	6			

Existe una diferencia estadísticamente significativa entre la media de % Remoción de color entre un nivel de Etapas y otro, con un nivel del 5% de significación.

Posteriormente, se aplicó la prueba de rango múltiple y se encontró que las tres etapas fueron significativamente diferentes entre sí con respecto al color (Tabla 39).

Tabla 40. Prueba de rango múltiple para % Remoción de Color por Etapas

Etapas	*Casos*	*Media*	*Grupos Homogéneos*
1	3	90.4962	X
2	2	95.1133	X
3	2	99.3042	X

Asimismo, se observó en el gráfico de Fisher (Figura 21) que, con un 95% de confianza, las diferentes etapas tuvieron resultados de remoción estadísticamente significativas siendo la tercera etapa la que obtuvo la más alta remoción acumulada.

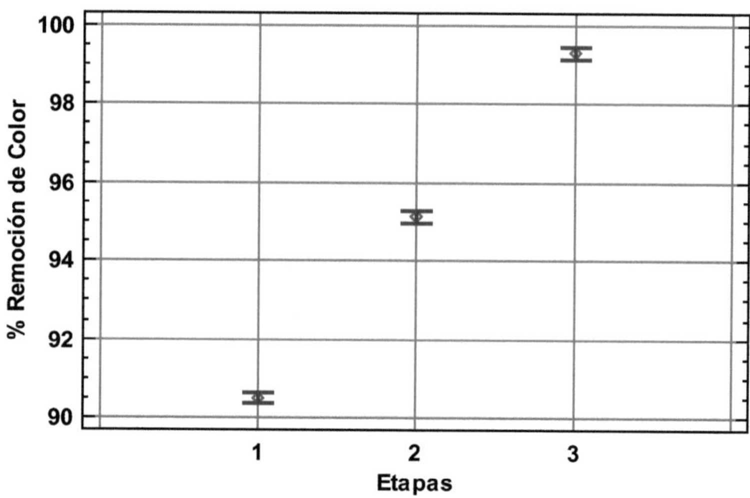

Figura 21. Gráfico de Fisher % Remoción de color por etapas

De acuerdo a los resultados obtenidos en este estudio, se puede determinar que el Fenton en etapas obtiene mejoras significativas en la remoción de la materia orgánica (DQO) y color.

Determinación de peróxido residual

Los resultados obtenidos de la medición del peróxido residual se presentan en la Tabla 40 así como su equivalencia a DQO.

Tabla 41. Resultados de la determinación del H_2O_2 residual y su equivalencia a DQO

Fenton	DQO (mg/L)	Peróxido residual (mg/L)	Equivalencia a DQO (mg/L)
1ª etapa	7967.451288	45	22.5
2ª etapa	619.933419	40	20.00
3ª etapa	366.1794902	20	10.00

El peróxido remanente representó una interferencia baja de aproximadamente 2.7% sobre el valor medido de la DQO lo que concuerda con lo reportado por Escalante (2018) lo contrario a lo reportado por da Costa et al. (2018) en donde la interferencia del H_2O_2 residual era mayor e interfería con los valores de la DQO por lo que tenía que ser corregido cuantificando el H_2O_2 residual.

Como se puede observar en la Tabla 40, el H_2O_2 residual (mg/L) disminuye en cada etapa consecutivamente. Esto representa un beneficio puesto que el H_2O_2 residual de los procesos de oxidación avanzados (AOP) pueden tener impactos críticos en la ecología microbiana y el desempeño de los procesos de tratamiento biológico posteriores (Wang *et al.*, 2017). Además, pueden ser tóxico para el medio acuático de acuerdo a estudios reportados en donde altas cantidades interfieren con dos especies marinas probadas Vibrio fischeri y Paracentrotus lividus sea-erchi (Rueda *et al.*, 2016).

Caracterización del lixiviado final

En la Tabla 42 se presentan los resultados del lixiviado final proveniente de la ET3. Estos son el promedio de los valores obtenidos en todos los muestreos.

La reducción de la DQO fue el principal objetivo de este trabajo de investigación, donde se observó una disminución importante de la DQO. Esto confirma el efecto positivo que el tratamiento Fenton en etapas tiene sobre la degradación de la materia orgánica refractaria en comparación con el Fenton convencional (1 etapa). Igualmente, la DBO_5 también reflejó una reducción de su concentración al pasar de 459 a 92 mg/L como se reporta en la Tabla 41.

El color presentó una reducción importante del 99.3%, de forma paralela a la reducción de la DQO lo que confirma el efecto positivo que el tratamiento Fenton en etapas tiene sobre la degradación de la materia orgánico.

Hubo aumento importante del índice de biodegradabilidad que se obtuvo de 0.06 en el LC a 0.48 en el efluente de la ET3, esto es una mejora del lixiviado final con un 800% con respecto al LC. En vista de este resultado se pudiera aplicar un post- tratamiento biológico de acuerdo a lo reportado por Amor (2015) donde indica que para IB de 0.25 o mayores se aplican principalmente tratamientos biológicos.

Con respecto al nitrógeno, la concentración del nitrógeno total se redujo al pasar de 408.57 mg/L en el lixiviado crudo (Tabla 9) a 264.936 mg/L en el lixiviado tratado, esto representa una mejora del 35% en la reducción del NTK, esto concuerda con lo reportado por Renou (2008) en donde los tratamientos fisicoquímicos tienen una remoción de 30% aproximadamente. Mientras que el nitrógeno amoniacal no se redujo de forma importante (13.51%), siendo el inicial del LC 236.208 mg/L a 204.28 mg/L.

Tabla 42. Caracterización Lixiviado Tratado

Lixiviado Final	
pH	7
Conductividad (µS/cm)	18.56
DBO$_5$ (mg/L)	177.14
DQO$_s$ (mg/L)	366.18
DQO$_T$ (mg/L)	391.79
IB (DBO$_5$/DQO)	0.48
Solidos totales ST (mg/L)	12.735
NTK (mg/L)	264.936
N-NH$_3$ (mg/L)	204.288
Alcalinidad (mg/L)*	114
Color (U-Pt-Co)	215
Turbidez (UNT)	18.3

Estos resultados de porcentaje de remoción concuerdan con estudios anteriores realizados para el mismo lixiviado e igual ha sido reportado anteriormente por varios autores, en donde los radicales hidroxilos que a pesar de tener una capacidad oxidativa fuerte no modifican de forma importante las concentraciones de nitrógeno amoniacal en el lixiviado presente (Deng y Englehardt 2006; San Pedro 2015). Sin embargo, el LC no presenta altos valores de NH-NH3 comparados con los reportados por otros autores como Escalante (2018) y San Pedro (2015). Esto puede deberse a las condiciones ambientales y tipo de residuos que se tiene en el relleno. Con los resultados anteriores del nitrógeno y de la materia orgánica que presentó una degradación notable en la DQO y aumentó la relación proporcional de la DBO$_5$ con respecto a esta el IB obtenido de 0.48 y los valores de N-NH3 de 204mg/l en la ET3 lo hacen apto para aplicarle un postratamiento biológico.

Por otra parte, la conductividad eléctrica disminuyó notoriamente en un 99.88% para el efluente final, el cual fue ajustado a un pH 7 para que el hierro precipite.

Identificación de compuestos orgánicos

La composición orgánica del lixiviado crudo (LC) y de los efluentes óptimos de las ET1, ET2 y ET3 fueron analizadas por cromatografía de gases para la identificación de compuestos orgánicos en el LC y después de cada tratamiento Fenton. Para los análisis se emplearon 400 ml de muestra de cada etapa optimizada.

Al ser el lixiviado crudo un agua residual muy heterogénea y compleja se esperaba una variedad de compuestos que al reaccionar con los reactivos Fenton pueden originar nuevos compuestos. De acuerdo a esto, en las etapas posteriores se encontraron otros compuestos que pueden ser producto de degradación de moléculas más grandes (Kang *et al.*, 2002; Masoner *et al.*, 2016).

En la Tabla 43 se encuentran los componentes orgánicos identificados en el LC. En total se presentaron 27 especies de contaminantes orgánicos entre ellos 1 especie de alcohol policíclico, 1 cetona, 1 esterol, 2 especies de ácidos carboxílico, 1 aldehído, 5 éster complejos, 1 haloalcano lineal, 1 HAP, 1 amida, 3 alcanos, 4 fenoles, 1 cetona aromática, 1 alcohol, 1 éster.

Tabla 43. Componentes orgánicos identificados en LC

LIXIVIADO CRUDO	TR	GRUPO FUNCIONAL
3,3,6-trimetilhepta-1,5-dien-4-ona Artemisia cetona	6.1	Cetona
ácido acético 1,3,7-trimetilocta-2,6-dienil éster	14.94	Éster
2,4,7,9-tetrametil-5-decino-4,7-diol	18.12	Alcohol policíclico
2,4-di-terc-butilfenol	20.45	Fenol
Ácido 2-hidroxi-4- (4-metilfenil) -4-oxobutírico	22.07	Ácido carboxílico
Colestan-3-ol, 2-metileno-, (3α, 5α) -	23.04	Esterol
2-Nonenal, 2-pentil-, 2-Amylnon-2-enal	23.94	Aldehído
Acetato de 7-metil-Z-tetradecen-1-ol	24.29	Ester
1-clorooctadecano	24.71	Halo alcano lineal
Fenantreno	26.29	HAP
N-butilbencenosulfonamida	26.52	Amida
2,6,10-trimetiltetradecano	26.84	Alcano
Fenol, 4-(1-metil-1-feniletil)-	28.06	Fenol
Colestan-3-ol, 2-metileno-, (3α, 5α) -	28.86	Esterol
7,9-Di-terc-butil-1-oxaspiro [4.5] deca-6,9-dieno-2,8-diona	29.24	Cetona aromática
2,3-dimetil-5- (trifluorometil l) -1,4-bencenodiol	30.14	Alcohol aromático
Ácido 3- (3,5-di-terc-butil-4-hidroxifenil) propiónico	30.8	Ácido carboxílico
1-heptatriacotanol	31.2	Alcohol
Fluoranteno	31.79	HAP
n-heptacosano	32.65	Alcano
4,4'-(1-Metiletilideno) bisfenol; Bisfenol A	33.97	Fenol
Octadecano, 3-ETIL-5- (2-ETILO; Octadecano, 3-etil-5- (2-etilbutil) -	34.42	Alcano
2,4-bis (dimetilbencil) fenol	39.33	Fenol
3,3,6-trimetilhepta-1,5-dien-4-ona Artemisia cetona	6.1	Cetona

LIXIVIADO CRUDO	TR	GRUPO FUNCIONAL
ácido acético 1,3,7-trimetilocta-2,6-dienil éster	14.94	Éster
2,4,7,9-tetrametil-5-decino-4,7-diol	18.12	Alcohol policíclico
2,4-di-terc-butilfenol	20.45	Fenol
Ácido 2-hidroxi-4- (4-metilfenil) -4-oxobutírico	22.07	Ácido carboxílico
Colestan-3-ol, 2-metileno-, (3α, 5α) -	23.04	Esterol
2-Nonenal, 2-pentil-, 2-Amylnon-2-enal	23.94	Aldehído
Acetato de 7-metil-Z-tetradecen-1-ol	24.29	Ester
1-clorooctadecano	24.71	Halo alcano lineal
Fenantreno	26.29	HAP

Mientras que para la ET1 se formaron otros compuestos producto de la oxidación de la materia orgánica con los radicales •OH. Se presentan 29 especies de contaminantes reportados en la Tabla 44. Entre ellos están 3 HAP, 2 alquenos HAP, 1anhidrido ftálico/éster de ftalato, 2 Ácidos carboxílicos, 2 éster, 2 FAME,13 Alcano, 1 Alcohol policíclico, 1 hidruro de azufre, 1 disulfuro orgánico, 1 alcohol.

Tabla 44. Componentes orgánicos identificados en ET1

ETAPA 1	TR	GRUPO FUNCIONAL
ácido oxálico, ciclohexano nonil éster	6.13	Ester de ácido carbónico
Acenafteno	19.55	HAP
2,6,10 trimetiltetradecano	20.02	Alcano
1,1-dimetiltetradecilhidrosulfito	20.14	Hidruro de azufre
di-terc-dodecil dIsulfito	22.48	Disulfuro orgánico
Heptadecano	24.71	Alcano
2, metilhexadecan-1-ol	25.66	Alcohol
Fenantreno	26.28	HAP
Octadecano	26.84	Alcano
17- pentatriacontano	27.03	Alqueno
Heneicosano	28.87	Alcano
3-etil-5-(2-etilbutil)octadecano	29.33	Alcano
estra-1,2,5(10)-trien-17-ol, (17a)	30.09	Alcohol policíclico
Eicosano	30.8	Alcano
fluoranteno	31.77	HAP
17-pentatriacronteno	32.65	Alqueno
Ácido oleico	33.32	Ácido carboxílico
crocetano	34.05	Alcano
octacosano	34.42	Alcano
Fitano	36.95	Alcano
1-yodo-dotriacontano	37.62	Alcano
Ftalato de diisooctilo	40.8	Anhidrido ftalico/ester de ftalato
Hentriacontano	40.91	Alcano
ácido oleanoico	41.95	Ácido carboxílico
Gliceril monooleato	42.17	Ester
2,3 dihidroxipropil (9E)-9-Octadecanoato	42.3	Ester
ácido tereftalatico, bis(2-etilhexil) éster	42.98	Ácido dicarboxílico aromático de éster
Escualano	43.28	Alcano
Tetratetracontano	45.09	Alcano

En la ET2 se obtuvieron 25 especies de contaminantes como se refleja en la Tabla 45, donde están presentados con el tiempo de retención y su grupo funcional correspondiente. Se presentó 1 aldehído, 1 cetona, 1 alcohol, 3 HAP, 1 organofosfato, 11 alcanos, 1 alcohol policíclico, 1 acetato, 3 éster, 1 éster, 1 éter.

Tabla 45. Componentes orgánicos identificados en ET2

ETAPA 2	TR	GRUPO FUNCIONAL
2,2-dimetil-4-octenal	6.13	Aldehído
2-(3-oxobutil)- ciclohexanona	15.18	Cetona
Hexa-hidro-farnesol	15.68	Alcohol
Acenafteno	19.64	HAP
2,6,10-trimetiltetradecano	20.03	Alcano
2,6,10,15-tetrametilheptadecano	24.93	Alcano
Heptacosano	25.87	Alcano
Fenantreno	26.28	HAP
Diazinona	27.08	Organofosfato
Pentacosano	29.33	Alcano
Estra-1,3,2(10)-trien-17-ol	30.15	Alcohol policíclico
Fluoranteno	31.76	HAP
ácido elaídico metil éster	32.68	Acido de Ester
3-etil-5-(2-etilbutil) octadecano	33.32	Alcano
Nonacosano	34.06	Alcano
(8Z)-7-metil-8-tetradecenil acetato	36.01	Acetato
2,6,10,14-tetrametil-hexadecano	36.96	Alcano
Tetracosano	37.63	Alcano
Ftalato de diisooctilo	40.08	Ester
3-(octadeciloxi) propil(9E)-9-octadecanoato	41.68	Ester
2,3 dihidroxipropil elaidato	42.18	Ester
11-deciltetracosano	43.4	Alcano
Hexatriacontano	43.72	Alcano
nonacosano	45.09	Alcano
1,3-bis(octadeciloxi)-propano	47.69	Éter
2,2-dimetil-4-octenal	6.13	Aldehído
2-(3-oxobutil)- ciclohexanona	15.18	Cetona
Hexa-hidro-farnesol	15.68	Alcohol

En el efluente final de la ET3 se redujeron notoriamente los contaminantes identificados a 6 especies de las cuales son 5 FAME y 1 haluro de acilo como se presenta en la Tabla 46 y en la Figura 25. Todos estos compuestos de menor peso molecular.

Tabla 46. Componentes orgánicos identificados en ET3

ET3 FINAL	TR	GRUPO FUNCIONAL
Éster metílico del ácido 13,16-octadecadienoico	21.02	Ester metílico de ácido graso (FAME)
Tetradecanoato de metilo. éster metílico del ácido Tetradecanoico	25.39	FAME
Éster metílico del ácido cis-7-hexadecenoico	29.07	FAME
Palmitato de metilo. Éster metílico del ácido palmítico	29.43	FAME
(9E, 12E) -Octadeca-9,12-cloruro de dienoilo/ Cloruro de lineoilo	32.84	Haluro de acilo
Éster metílico del ácido 2-octil-ciclopropanodecanoico	33.2	FAME

Los contaminantes de la lista negra EPA (2014) encontrados tanto en el LC como en el proceso Fenton por etapas y sus efectos al ambiente, se enlistan en la Tabla 46.

Tabla 46. Contaminantes de la lista negra EPA (2014) encontrados en el proceso
Fenton por etapas y sus efectos

Contaminante/Etapa	Origen y efectos
Fenantreno (HAP) [LC, ET1,ET2]	Cancerígeno (tintes, plásticos y pesticidas, explosivos y drogas)
Ftalato de diisooctilo (éster) [LC,ET1,ET2]	Toxicidad para la reproducción, Peligroso para el medio ambiente acuático
Fluorantreno (HAP) [LC,ET1,ET2]	Cancerígeno y efectos tóxicos agudos en los animales acuáticos. Combustión incompleta de productos como combustibles fósiles, de los cigarrillos
Acenapteno (HAP) [ET1, ET2]	Pigmentos y colorantes comerciales. Muy tóxico a la vida acuática y medio ambiente, duradero.
2,4 dimetilfenol (Alcohol-fenol) [LC, ET1]	Peligro acuático agudo y a largo plazo

Analizando las tablas anteriores se puede observar que hubo una remoción del 100%, promedios de remoción de especies de alquinos, aldehídos, HAP, derivados del benceno, ácidos carboxílicos, cetonas aromáticas, amidas cíclicas, alcoholes aromáticos, alcanos y alquenos. Mientras todas las cíclicas y macromoléculas orgánicas altamente alteradas y en general los compuestos húmicos y fúlvicos fueron removidas en la ET3 con el efluente final resultante del tratamiento optimizado quedando remanentes de esteres de cadena sencilla y un haluro de acilo, el cloruro de lineoilo, el cual no se encuentra en alguna lista de contaminantes tóxicos del agua.

En general los compuestos contaminantes orgánicos en el ET3 fueron notoriamente removidos con una alta eficiencia lo que concuerda con las remociones de DQO, DBO_5 y color.

De acuerdo a los compuestos de interés que se presentan en las tablas, se detectaron algunos que se encuentran reportados como prioritarios en listas internacionales de compuestos peligrosos para el medioambiente y la salud humana. De los contaminantes orgánicos presentes en el LC cinco fueron identificados en la lista negra de contaminantes controlados preferidos en agua confirmado en EE. UU y China por la Environmental Protecy Agency (EPA). Estos son el Fenantreno, Fluorantreno,2,4 Bis(dimetilbencil)fenol y Ftalato de diisooctilo. También se encontraron el colestan-3-ol y el 4,4´-(1-metiletilideno) bis-fenol mejor conocido como Bisfenol A.

En el caso del bisfenol A este es un importante carcinógeno y estrógeno ambiental frecuentemente encontrado en los lixiviados de otros rellenos sanitarios alrededor del mundo (Coors *et al.*, 2003; Masoner *et al.*, 2016) y que ha sido anteriormente identificado en lixiviados del relleno sanitario de Mérida, Yucatán (Escalante, 2018; San Pedro et al. 2015; Ramírez et al. 2013); por ser considerado un disruptor endocrino su presencia es de interés para la salud pública y el ecosistema (Asakura et al. 2004; Gong et al. 2014; Ramakrishnan et al. 2014).

Con respecto al Colestan-3-ol que a pesar de sus estructuras complejas y altos pesos moleculares pudo ser eliminado por completo en la ET1. Esto concuerda con lo reportado con San Pedro (2015) que obtuvo su oxidación completa con una sola etapa del proceso Fenton.

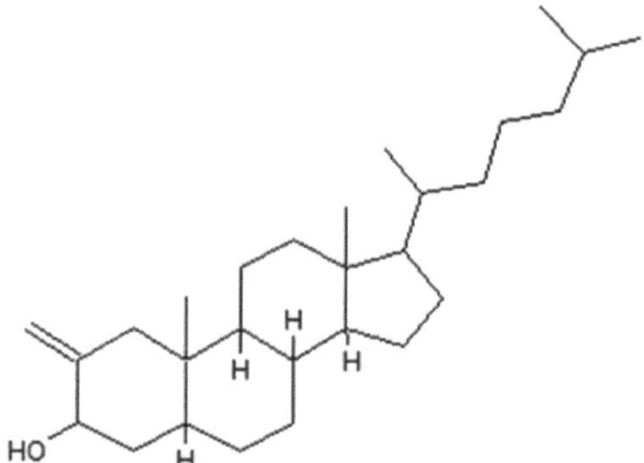

Figura 22. Colestan-3-ol en LC

En el caso del Colestan-3-ol y Bisfenol- A fue eliminado en la ET1, sin embargo, el resto de componentes prioritarios que se encuentran en listas internacionales y otros compuestos tóxicos permanecieron refractantes aún después de la oxidación intensiva en el efluente Fenton de la ET1 y desaparecieron en el efluente de la ET2. Esto indica que hubo una degradación primaria Lyman et al. (1982) que es un cambio estructural donde se puede mejorar la biodegradabilidad para que en las siguientes etapas continúe a una la degradación aceptable, es decir, se disminuye la toxicidad hasta llegar a la degradación total o mineralización.

Con respecto a los compuestos prioritarios que se encuentran más abundantes de acuerdo área bajo el pico en las muestras del LC son el Fenantreno, Ftalato de diisooctilo y fluorantreno, y en menor medida dos tipos de 2,4 dimetilfenol, reportados en la en la lista negra de contaminantes prioritarios de la EPA (2014).

Para la ET1 se formaron nuevos compuestos, algunos más tóxicos. Esto se debe a que cuando un efluente residual es tratado con el proceso Fenton, algunos compuestos pueden oxidarse, coagular y mineralizarse, pero también puede ocurrir la formación de nuevos compuestos que pueden ser más o menos tóxicos (Mohapatra *et al.*, 2010) como es el caso del Acenapteno, contaminante prioritario reportado en US EPA (2014) que se formó en la ET1 y permaneció hasta la ET2, desapareciendo por completo en la ET3, al igual que los contaminantes prioritarios del LC permanecieron en la ET1.

En la ET3 del tren de tratamiento Fenton por etapas, los compuestos que quedaron en el efluente fueron esteres metílicos de ácidos grasos conocidos por sus siglas en ingles FAME (fatty acid methyl ester), los cuales son de cadenas sencillas (Figura 23). Esto se puede explicar debido a que el radical •OH siguió oxidando los compuestos refractantes de las primeras etapas haciéndolos más biodegradables y formando nuevos compuestos de cadena más sencilla que se presentan en la ET3, donde ya no se presentaron compuestos fenólicos ni macromoléculas complejas.

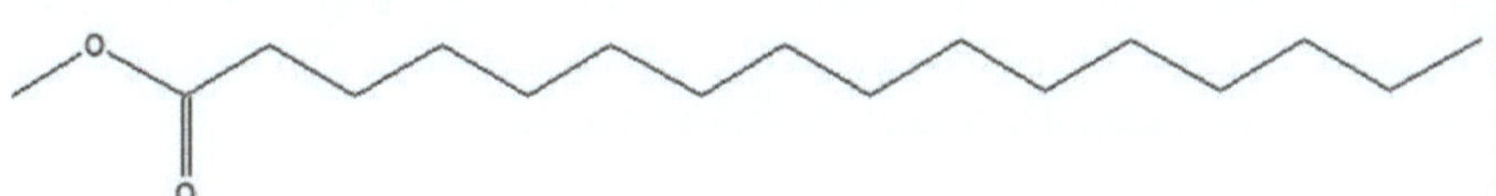

Figura 23. Estructura del Palmitato de metilo

Los compuestos de la ET3 no están reportados en ninguna lista, por lo tanto, no son residuos tóxicos. Además, los compuestos FAME son utilizados a menudo para producir biodiesel como una alternativa contra contaminación de ambientes naturales por el uso de combustibles fósiles y variados procesos industriales (Zambrano et al. 2017). Estos son obtenidos de la transesterificación de aceites vegetales para obtener ésteres metílicos de ácidos grasos (FAMEs) los cuales debido a su estructura química es posible epoxidar las moléculas y usarlas directamente para producir plastificantes o lubricantes (Sustaita et al. 2019).

Con todo, en base a los resultados obtenidos en el presente análisis, aunque hubo una buena reducción, la alta carga inicial de compuestos refractarios impidió la reducción de la DQO hasta el límite permisible por la normatividad para la descarga de efluentes a cuerpos de agua el cual no debe ser mayor de 60 mg/L (promedio diario) (NOM-001-SEMARNAT-1996). Sin embargo, la carga orgánica final está conformada por compuestos no tóxicos y que forman parte de especies vegetales, esto aumentó en gran medida la materia orgánica de fácil degradación, ocasionando una mejora en el IB que hace apto a este efluente de aplicarle un tratamiento biológico posterior.

Conclusiones

La optimización del proceso Fenton en etapas mejoró en gran medida la remoción de materia orgánica en lixiviados a comparación del Fenton convencional, alcanzando una remoción total de un 95% en DQO y 99.3% de color en la tercera etapa bajo los valores óptimos encontrados.

La relación óptima de la segunda etapa de DQO/H_2O_2 es 90 y 180 para la tercera etapa. La relación Fe^{2+}/H_2O_2 óptima es de 1 con pH óptimo de 4 para ambas etapas y el tiempo de contacto es de 20 minutos (aunque la reacción remueve eficientemente DQO desde los primeros 5 minutos, para una mayor remoción de color tarda 20 minutos).

El lixiviado crudo no es apto para tratamiento biológico por su índice de biodegradabilidad (DBO_{5T}/DQO_T) muy bajo sin embargo el efluente final logro una mejora en un 800% bajo las condiciones y dosis óptimas encontradas del proceso Fenton por etapas, pasando de 0.06 en el LC a 0.48 en el efluente final. Esto indica que el efluente final es susceptible para el tratamiento biológico.

La filtración del efluente final no influye significativamente en la materia orgánica, pero si en el color.

El peróxido residual disminuyó en cada etapa, lo que reduce la toxicidad del efluente final.

Los compuestos pertenecientes a lista negra de la EPA como compuestos altamente tóxicos para organismos acuáticos y para la salud humana fueron eliminados en su totalidad en la ET3 al igual que las macromoléculas orgánicas complejas.

En el efluente final se presentaron especies FAME de cadena sencilla que no representan toxicidad al medio ambiente ni se encuentran en las listas de peligrosidad.

El N-NH$_3$ disminuyó en un 13.51%, como se esperaba no fue una reducción notoria, sin embargo, no se encontró en altos valores desde el lixiviado crudo.

Referencias

Abbas A., Jungsong G., Ping L., Ya P., Al-Rekabi W. (2009). Review on landfill leachate treatments. "Journal of Applied Sciences Research", 5 (5), 534-545. DOI: 10.3844/ajas.2009.672.684

Agudelo R. A. (1996). Tratamiento de lixiviados producidos en el relleno sanitario Curve de Rodas de la ciudad de Medellín utilizando reactores UASB y filtros anaerobios FAFA. IV Seminario-Taller Latinoamericano sobre tratamiento anaerobio de aguas residuales, Bucalamanga, Colombia.

Alvarado A., Botero S., Ferrari L., Henriquez A., Padilla J. (2018). Características de Lixiviados de Rellenos Sanitarios y Alternativas de Tratamiento. Universidad Zamorano, F.M.,Honduras

Amor C., De Torres-Socías E., Peres J.A., Maldonado M.I, Oller I., Malato S., Lucas M.S (2015) Mature landfill leachate treatment by coagulation/flocculation combined with Fenton and solar photo-Fenton processes, "Journal of Hazardous Material". 286, 261–268. DOI:10.1016/j.jhazmat.2014.12.036.

APHA, AWWA, WPCF, Standard Methods for the Examination of Water and Wastewater, 18th ed., American Public Health Association, American Water Works Association, Water Pollution Control Federation, Washington, DC, USA,2005.

Asakura H., Matsuto T., Tanaka N. (2004). Behavior of endocrine-disrupting chemicals in leachate from MSW landfill sites in Japan. "Waste Management", 24(6), 613-622. DOI:10.1016/j.wasman.2004.02.004

Barbusiński K. (2009). Henry John Horstman Fenton-short biography and brief history of Fenton reagent discovery. Chemistry-Didactics-Ecology-Metrology, 14. 101-105

Bautista P., Mohedano A. F., Casas J., Zazo J. A., Rodriguez J. J. (2008). An overview of the aplication of Fenton to industrial wastewaters treatment. "Journal of Chemical Technology and Biotechnology", 83(10), 1323-1338. DOI:10.1002/jctb.1988

Bayoumi T.A., Saleh H.M., (2018) Characterization of biological waste stabilized by cement during immersion in aqueous media to develop disposal strategies for phytomediated radioactive waste. "Progress in Nuclear Energy", 107, 83–89. DOI:10.1016/j.pnucene.2018.04.021

Beltrán F., González M., Rivas F. y Alvárez P. (1998). Fenton reagent advanced oxidation of polynuclear aromatic hydrocarbons in water. "Water Air Soil Pollution", 105, 685-700. DOI:10.1023/A:1005048206991

Bendouz M., Dionne, J., Tran L. H., Coudert L., Mercier G., & Blais J.-F. (2017). Polycyclic Aromatic Hydrocarbon Oxidation from Concentrates Issued from an Attrition Process of Polluted Soil Using the Fenton Reagent and Permanganate. "Water, Air, & Soil Pollution", 228(3). DOI:10.1007/s11270-017-3292-x

Bu G., Xian P., Zhan L., Feng X., Tang H. (2016). Optimizing operating conditions for advanced treatment of landfill leachate using the coagulation-fenton oxidation method. "Polish Journal of Environmental Studies", 25 (5), 1863-1871. DOI:10.15244/PJOES/63067

Calli B., Mertoglu B., & Inanc B. (2005). Landfill leachate management in Istanbul: applications and alternatives. "Chemosphere", 59(6), 819–829. DOI:10.1016/j.chemosphere.2004.10.064

Carra I., Malato S., Jiménez M., Maldonado M. I., & Pérez J. S. (2014). Microcontaminant removal by solar photo-Fenton at natural pH run with sequential and continuous iron additions. "Chemical Engineering Journal",235, 132-140. DOI:10.1016/j.cej.2013.09.029

Christensen TH, Bjerg P, Jensen D, Christensen A, Baum A, Albrechtsen H, Heron G (2001) Biochemistry of landfill leachate plumes. "Applied Geochemistry". 16(7-8), 659-718. DOI:10.1016/S0883-2927(00)00082-2

Clarke B. O., Anumol T., Barlaz M., Snyder S. A. (2015). Investigating landfill leachate as a source of trace organic pollutants. "Chemosphere", 127, 269-275. DOI:10.1016/j.chemosphere.2015.02.030

Da Costa F. M., Daflon S. D. A., Bil, D. M., da Fonseca F. V., & Campos J. C. (2018). Evaluation of the biodegradability and toxicity of landfill leachates after pretreatment using advanced oxidative processes. "Waste Management", 76, 606–613. DOI:10.1016/j.wasman.2018.02.030

Coors A., Jones P. D., Giesy J. P., Ratte H. T. (2003). Removal of estrogenic activity from municipal waste landfill leachate assessed with a bioassay based on reporter gene expression. "Environmental science & technology", 37(15), 3430-3434. DOI:10.1021/es0300158

Deng Y. y Englehardt J. (2006) Electrochemical oxidation for landfill leachate treatment. "Waste Management", 27 (3), 380-388. DOI: 10.1016/j.wasman.2006.02.004

Diamadopoulos E. (1994). Characterization and treatment of recirculation-stabilized leachate. "Water Research", 28(12): 2439-2445. DOI: 10.1016/0043-1354(94)90062-0

Ding A, Zhang Z, Fu J, Cheng L (2001) Biological control of leachate from municipal landfills. "Chemosphere", 44: 1-8. DOI:10.1016/s0045-6535(00)00377-5

Doménech X., Jardim W. F., Litter M. I. (2001). Procesos avanzados de oxidación para la eliminación de contaminantes. Programa Iberoamericano de Ciencia y Tecnología para el Desarrollo (CYTED), 3-26.

Durán A., García S.A., Gutiérrez M.R., Rigas F., & Ramírez R.M. (2011). Assessment of Fenton's reagent and ozonation as pre-treatments for increasing the biodegradability of aqueous diethanolamine solutions from an oil refinery gas sweetening process. "Journal of Hazardous Materials", 186(2-3), 1652–1659. DOI: 10.1016/j.jhazmat.2010.12.043

Ehrig H., 1999, "Cantidad y contenidos de lixiviados de rellenos de desechos domésticos", CEPIS/OPS

EPA, (2014). Priority Pollutant List. United States Environmental Protection Agency Consultado el 29/05/2021 de: https://www.epa.gov/sites/production/files/2015-09/documents/priority-pollutant-list-epa.pdf

Escalante A. (2018) Toxicidad de los lixiviados del relleno sanitario de Mérida, Yucatán tratados con Fenton. Tesis (maestría). Universidad Autónoma de Yucatán, México.

Esplugas, S., Giménez, J., Contreras, S., Pascual, E., & Rodríguez, M. (2002). Comparison of different advanced oxidation processes for phenol degradation. "Water Research", 36 (4), 1034-1042.

García, R. (2006). Remoción de Materia Orgánica en Lixiviados usando el proceso de Oxidación Fenton y Coagulación- Floculación. Tesis de Maestría. Mérida, Yucatán, México.

Gau S., Chang F. (1996), Improved Fenton method to remove recalcitrant organics in landfill leachate, "Water Science and Technology". Technol.,Vol. 34, pp. 455–462.

Ghosh P., Samanta A. N., & Ray S. (2010). COD reduction of petrochemical industry wastewater using Fenton's oxidation. "The Canadian Journal of Chemical Engineering", 88(6), 1021–1026. DOI:10.1002/cjce.20353

Giacoman V.G. y Quintal F.C. (2006). Influencia del cambio en el potencial de hidrógeno (pH) en la disminución de contaminantes y metales pesados del lixiviado de un relleno sanitario. XXX Congreso Interamericano de Ingeniería Sanitaria y Ambiental. Punta del Este, Uruguay. 26 al 30 de noviembre, 2006.

Gong Y., Tian H., Wang L., Yu S., & Ru S. (2014). An Integrated Approach Combining Chemical Analysis and an In Vivo Bioassay to Assess the Estrogenic Potency of a Municipal Solid Waste Landfill Leachate in Qingdao. "PLoS ONE", 9(4), e95597. DOI:10.1371/journal.pone.0095597

Hermosilla D., Cortijo M., Huang C. P. (2009). Optimizing the treatment of landfill leachate by conventional Fenton and photo-Fenton processes. "Science of the Total Environment", 407(11), 3473-3481. DOI:10.1016/j.scitotenv.2009.02.009

Howarth RW (2004). Human acceleration of nitrogen cycle: drivers, consequences and steps toward solutions. "Water Science and Technology", 49(5-6), 7–13. DOI:10.2166/wst.2004.0731

INEGI. Instituto Nacional de Estadística, Geografía e Informática (2008). Disponible en: http://www.inegi.org.mx

Justin M. Z., & Zupančič M. (2009). Combined purification and reuse of landfill leachate by constructed wetland and irrigation of grass and willows. "Desalination", 246(1-3), 157–168. DOI:10.1016/j.desal.2008.03.049

Kang K. H., Shin H. S., Park H. (2002). Characterization of humic substances present in landfill leachates with different landfill ages and its implications. "Water research", 36(16), 4023-4032. DOI:10.1016/s0043-1354(02)00114-8

Kennedy L. G., & Everett J. W. (2001). Microbial degradation of simulated landfill leachate: solid iron/sulfur interactions. "Advances in Environmental Research", 5(2), 103–116. DOI:10.1016/s1093-0191(00)00047-2

Kilic M. Y., Yonar T., & Mert B. K. (2013). Landfill Leachate Treatment by Fenton and Fenton-Like Oxidation Processes. "CLEAN" - Soil, Air, Water, 42(5), 586–593. doi:10.1002/clen.201200714

Lau I. W. C., Wang P., & Fang H. H. P. (2001). Organic Removal of Anaerobically Treated Leachate by Fenton Coagulation. "Journal of Environmental Engineering", 127(7), 666–669. DOI:10.1061/(asce)0733-9372(2001)127:7(666)

Leifeld V., dos Santos, T. P. M., Zelinski D. W., & Igarashi-Mafra L. (2018). Ferrous ions reused as catalysts in Fenton-like reactions for remediation of agro-food industrial wastewater. "Journal of Environmental Management", 222, 284–292. DOI:10.1016/j.jenvman.2018.05.087

Ley General del Equilibrio Ecológico y Protección al Ambiente (LGEEPA), en el artículo 3° (frac. XXXl), Últimas reformas DOF 28-01-2011

Lopes J. y Peralta P. (2005). Use of advanced oxidation processes to improve the biodegradability of mature landfill leachates. "Journal of Hazardous Materials", 123(1-3), 181–186. DOI:10.1016/j.jhazmat.2005.03.041

López V., Mendoza P. (2004) Estudio De La Calidad Del Lixiviado Del Relleno Sanitario La Esmeralda Y Su Respuesta Bajo Tratamiento En Filtro Anaerobio De Flujo Ascendente Piloto. Tesis. Universidad Nacional de Colombia.

López A., Pagano M., Volpe, A., & Claudio Di Pinto A. (2004). Fenton's pre-treatment of mature landfill leachate. "Chemosphere", 54(7), 1005–1010. DOI:10.1016/j.chemosphere.2003.09.015

Lyman W.J, Reehl W.F, Rosenblatt D.H, Handbook of Chemical Property Estimation Methods, in: Environmental Behavior of Organic Compounds, McGraw-Hill, New York, 1982.

Mahmud K., Hossain M. D., & Shams S. (2012). Different treatment strategies for highly polluted landfill leachate in developing countries. "Waste Management", 32(11), 2096–2105. DOI:10.1016/j.wasman.2011.10.026

Mahmud K., Hossain M. D., Ahmed S. (2011). Advanced landfill leachate treatment with least sludge production using modified Fenton process. "Revista Internacional de Ciencias Ambientales", 2 (1) 259-270. DOI:10.6088/ijes.00202010027

Maia I. S., Restrepo J. J. B., Castilhos Junior A. B. de, & Franco D. (2015). Avaliação do tratamento biológico de lixiviado de aterro sanitário em escala real na Região Sul do Brasil. "Engenharia Sanitaria e Ambiental", 20(4), 665–675. DOI:10.1590/s1413-41522015020040140926

Malíková, P., Hajduková, J., & Nezvalová, L., (2009). Oxidation of polycyckic aromatic hydrocarbons by fenton reaction. "GeoScience Engineering", LV (4), 23-28.

Mantzavinos D., & Psillakis E. (2004). Enhancement of biodegradability of industrial wastewaters by chemical oxidation pre-treatment. "Journal of Chemical Technology & Biotechnology", 79(5), 431–454. DOI:10.1002/jctb.1020

Masoner J. R., Kolpin D. W., Furlong E. T., Cozzarelli I. M., & Gray, J. L. (2016). Landfill leachate as a mirror of today's disposable society: Pharmaceuticals and other contaminants of emerging concern in final leachate from landfills in the conterminous United States. "Environmental Toxicology and Chemistry", 35(4), 906–918. doi:10.1002/etc.3219

May A. A., Mendez R. I., Barceló I. D. Solís H. E., Giacomán G. (2017). Leachate Treatment by Heterogeneous Fenton on an Activated Carbon Substrate with Fe (II) Impregnated. "Journal of Environmental Protection", 8(04), 524. DOI: 10.4236/jep.2017.84036

Méndez R., May A., San Pedro L., Rojas M., & Giácoman G. (2019). Leachate Treatment with a combined Fenton/filtration/adsorption processes. "Ingeniería, investigación y tecnología", 20(2). DOI:10.22201/fi.25940732e.2019.20n2.013

Méndez R., Pietrogiovanna J., Santos B., Sauri M., Giacomán G., Castillo E. (2010). Determinación de la dosis óptima de reactivo Fenton en un tratamiento de lixiviados por Fenton-adsorción. "Revista Internacional de Contaminación Ambiental", 26 (3), 211-220.

Méndez R., Cachon S., Sauri M., Quintal C., Castillo B. (2002). Influencia del material de cubierta en la composición de los lixiviados en un relleno sanitario. "Ingeniería Revista Académica", 6(002), 7-12.

Mendoza Salgado, P. (2004). Estudio de la calidad del lixiviado del relleno sanitario La Esmeralda y su respuesta bajo tratamiento en filtro anaerobio de flujo ascendente piloto. Tesis de maestría (Ingeniería Ambiental). Facultad de Ingeniería y Arquitectura, Universidad Nacional de Colombia.

Mohapatra D.P., Brar S.K., Tyagi R.D. y Surampalli R.Y. (2010). Physico-chemical pre-treatment and biotransformation of wastewater and wastewater sludge – fate of bisphenol-A. "Chemosphere", 78, 923-941. DOI: 10.1016/j.chemosphere.2009.12.053

Monje-Ramírez I. (2004). Ozonización de lixiviados estabilizados de rellenos sanitarios para transformar materia orgánica recalcitrante soluble. Tesis doctoral (Ingeniería Ambiental). Facultad de Ingeniería, UNAM. México D.F.

Montgomery, Douglas C. (1983), Design and analysis of experiments, 2nd Ed., Ed. John Wiley & Sons, USA.

Moravia, WG, Lange, LC, Amaral, MCS (2011). Evaluación de la microfiltración para la eliminación del lodo generado en el proceso de oxidación avanzada por el reactivo Fenton en el tratamiento de lixiviados de vertederos. "Engenharia Sanitaria e Ambiental", 16 (4) 379-386.

Neyens, E., & Baeyens, J. (2003). A review of classic Fenton's peroxidation as an advanced oxidation technique. "Journal of Hazardous Materials", 98(1-3), 33–50. DOI:10.1016/s0304-3894(02)00282-0

NOM-052-SEMARNAT-2005. (2005) Que establece las características, el procedimiento de identificación, clasificación y los listados de los residuos peligrosos. Diario Oficial de la Federación. Publicada el 23 de junio de 2006

Pichtel J. (2005). Waste management practices: municipal, hazardous, and industrial. CRC press.

Pietrogiovanna J. (2009) Tratamiento de lixiviados por Fenton-adsorción. Tesis de Maestría, Universidad Autónoma de Yucatán, México, pp. 68-71.

Pignatello J. J., Oliveros E., MacKay A. (2006). Advanced oxidation processes for organic contaminant destruction based on the Fenton reaction and related chemistry. "Critical reviews in environmental science and technology", 36(1), 1-84. DOI:10.1080/10643380500326564

Pontes R.F., Moraes J.E., Machulek A.Jr., Pinto J.M. (2010). A mechanistic kinetic model for phenol degradation by the Fenton process. "Journal of Hazardous Materials", 176 (1-3), 402-413. DOI:10.1016/j.jhazmat.2009.11.044

Primo O., Rivero M. J., Ortiz I. (2008). Photo-Fenton process as an efficient alternative to the treatment of landfill leachates. "Journal of hazardous materials", 153(1), 834-842. DOI:10.1016/j.jhazmat.2007.09.053

Qasim SR, Chiang W (1994). Sanitary Landfill Leachate: Generation, Control and Treatment. Technomic. Lancaster, PA, EEUU. 352 pp.

Ramakrishnan A., Blaney L., Kao J., Tyagi R. D., Zhang T. C., Surampalli R. Y. (2015). Emerging contaminants in landfill leachate and their sustainable management. "Environmental Earth Sciences", 73(3), 1357-1368. DOI:10.1007/s12665-014-3489-x

Ramos S. (2004) Sistematização Técnico-Organizacional de Programas de Gerenciamento Integrado de Resíduos Sólidos Urbanos em Municípios do Estado do Paraná. Tesis. Universidade Federal de Paraná. Curitiba. Brasil.

Randall CW, Barnard JL, Stensel HD (1995) Design and Retrofit of Wastewater Treatment Plants for Biological Nutrient Removal. Technomic. Lancaster, PA, EEUU. 420 pp.

Renou S., Givaudan J., Poulain S., Dirassouyan F. Moulin P. (2008). Landfill leachate treatment: Review and opportunity. "Journal of Hazardous Materials", 150 (3), 468-493. DOI:10.1016/j.jhazmat.2007.09.077

Rivas F.J., Beltrán F., Carvalho F., Acedo B., Gimeno O. (2005). Stabilizated leachates: sequential coagulation-floculation + chemical oxidation process. "Journal of Hazardous Materials", 116(1-2), 95-102. DOI:10.1016/j.jhazmat.2004.07.022

Robles M. F. (2005), Generación de biogás y lixiviados en los rellenos sanitarios, Instituto Politécnico Nacional, México.

Romero A.M. (2000). Tratamiento de lixiviados de rellenos sanitarios por métodos fisicoquímicos: Influencia del pretratamiento sobre el proceso de adsorción como etapa de pulimiento. Tesis de maestría (Ingeniería Ambiental). Facultad de Ingeniería, UNAM. México D.F. México.

Rubio A., Chica E., Peñuela G. A. (2014) Application of Fenton process for treating petrochemical wastewater. "Ing. Compet". 16, 211-223.

Rubio A., Cardona A., Chica E., Peñuela G.A. (2017) "Determinación espectrofotométrica sensible de peróxido de hidrógeno en muestras acuosas de procesos avanzados de oxidación: Evaluación de posibles interferencias". Vol. 74, Núm. 579

Rueda-Márquez J. J., Levchuk I., Salcedo I., Acevedo-Merino A., & Manzano M. A. (2016). Post-treatment of refinery wastewater effluent using a combination of AOPs (H2O2 photolysis and catalytic wet peroxide oxidation) for possible water reuse. Comparison of low and medium pressure lamp performance. "Water Research", 91, 86–96. DOI:10.1016/j.watres.2015.12.051

San Pedro L. (2015). <u>Tratamiento de lixiviados mediante Fenton-adsorción.</u> Tesis de doctorado. Universidad Autónoma de Yucatán, México.

Sánchez A., Peñarroja C., Ribeiro C.A., Nadal J. (2007) <u>Bioaccumulation of metals and effects of a landfill in small mammals. Part II. The wood mouse, Apodemus sylvaticus,</u> "Chemosphere" 70 (2007) 101–119. DOI: 10.1016/j.chemosphere.2007.06.047.

Sánchez C. (2015). Reacciones Fenton (Ft-Ter-003). Fichas Técnicas De Etapas De Proceso De Plantas De Tratamiento De Aguas Residuales De La Industria Textil Serie: Tratamientos Terciarios Universidade da Coruña: Eater and Environmental Engineering Group, 1-31

Sang Y.M., Gu Q.B., Sun T.C., Li F.S. (2008). <u>Color and organic compounds removal from secondary effluent of landfill leachate with a novel inorganic polymer coagulant.</u> "Water Science and Technology", 58, 1423–1432

Sang N., Li G., Xin X. (2006). <u>Municipal landfill leachate induces cytogenetic damage in root tips of Hordeum vulgare.</u> "Ecotoxicology and Environmental Safety", 63 (3) 469–473. DOI:10.1016/j.ecoenv.2005.02.009

SDS. (2019). SECRETARIA DESARROLLO SOCIAL. Consultado 10/12/2019 de SDS: <u>http://sds.yucatan.gob.mx/residuos-solidos/sdfrs.php</u>

SDS. (2021). SECRETARIA DESARROLLO SOCIAL. Consultado 06/02/2021 de SDS: http://sds.yucatan.gob.mx/residuos-solidos/sdfrs.php

SEDESOL.(2001), Por un México Limpio, Manual técnico para el manejo de la basura.

SEDUMA. (2009-2012). Programa estatal para la Prevención y gestión de residuos. Consultado de: SEDUMA: https://www.gob.mx/cms/uploads/attachment/file/187447/Yucatan.pdf

SEMARNAT. (2019). Informe del Medio Ambiente. Consultado 10/12/2019 de SEMARNAT: <u>https://apps1.semarnat.gob.mx:8443/dgeia/informe15/tema/cap7.html#tema1</u>

SEMARNAT.(2015) Informe del Medio Ambiente. Consultado 06/02/2021: <u>https://apps1.semarnat.gob.mx:8443/dgeia/informe15/tema/cap7.html#tema1</u>

SEMARNAT. (2012). Programa Nacional para a Gestión Integral de los Residuos 2009-2012. Disponible en: https://www.gob.mx/cms/uploads/attachment/file/187438/pnpgir_2009-2012.pdf

Saleh H. M. (2014). Stability of cemented dried water hyacinth used for biosorption of radionuclides under various circumstances. Journal of Nuclear Materials, 446(1-3), 124–133. DOI:10.1016/j.jnucmat.2013.11.038

Slack R. J., Gronow J. R., & Voulvoulis N. (2005). Household hazardous waste in municipal landfills: contaminants in leachate. "Science of The Total Environment", 337(1-3), 119–137. DOI:10.1016/j.scitotenv.2004.07.002

Slack R., Gronow J., Voulvoulis N. (2004). Hazardous components of household waste. "Critical reviews in environmental science and technology", 34(5), 419-445. DOI:10.1080/10643380490443272

Sustaita A., Rocha B., García A., Ramos V., Beltrán B., Chávez D. (2019). Epoxidación enzimática de metil ésteres de ácidos grasos de origen vegetal y sus aplicaciones como alternativa para sustituir a los derivados del petróleo. "TIP. Revista especializada en ciencias químico-biológicas", 22, e174. DOI:10.22201/fesz.23958723e.2019.0.174

Tchobanoglous G., Theisen H. y Vigil S. (1994) Gestión integral de residuos sólidos. Vol. I Ed: McGraw-Hill, España, pp. 500-501.

Van Benthum W (1998) Integrated Nitrification and Denitrification in Biofil Airlift Reactors: Biofilm Development, Process Design and Hydrodynamics. Tesis. Universidade Técnica de Delft. Delft. Holanda. pp. 185

Vilar A., Eiroa M., Kennes C. y Veiga MC (2012). Optimización del tratamiento de lixiviados de vertedero mediante el proceso Fenton. "Revista de agua y medio ambiente", 27 (1), 120–126. DOI:10.1111 / j.1747-6593.2012.00333.x

Wang F., van Halem D., Liu G., Lekkerkerker-Teunissen K., & van der Hoek J. P. (2017). Effect of residual H 2 O 2 from advanced oxidation processes on subsequent biological water treatment: A laboratory batch study. "Chemosphere", 185, 637–646. DOI:10.1016/j.chemosphere.2017.07.073

Wang G., Lu G., Zhao J., Yin P., & Zhao L. (2016). Evaluation of toxicity and estrogenicity of the landfill-concentrated leachate during advanced oxidation treatment: chemical analyses and bioanalytical tools. "Environmental Science and Pollution Research", 23(16), 16015–16024. DOI:10.1007/s11356-016-6669-2

Wang L., Yang Q., Wang D., Li X., Zeng G., Li Z., Deng Y., Liu J., Yi K., (2016b) Advanced landfill leachate treatment using iron-carbon microelectrolysis- Fenton process: process optimization and column experiments, "J. Hazard. Mater". 318 460–467, DOI:10.1016/j.jhazmat.2016.07.033.

Wang, N., Zheng, T., Zhang G., Wang P, (2016c) A review on Fenton-like processes for organic wastewater treatment, "J. Environ. Chem". Eng. 4 762–787, DOI:10.1016/j.jece.2015.12.016.

Wang J. L., Xu L. J. (2012). Advanced oxidation processes for wastewater treatment: formation of hydroxyl radical and application. "Critical Reviews in Environmental Science and Technology", 42(3), 251-325. DOI:10.1080/10643389.2010.507698

Ward M. L., Bitton G., Townsend T., Booth M. (2002). Determining toxicity of leachates from Florida municipal solid waste landfills using a battery-of-tests approach. "Environmental toxicology", 17(3), 258-266. DOI: 10.1002/tox.10053

Wiszniowski J., Robert D., Surmacz-Gorska J., Miksch K., Weber J. V. (2006). Landfill leachate treatment methods: A review. "Environmental Chemistry Letters", 4(1), 51-61. DOI:10.1007/s10311-005-0016-z

Wu Y., Zhou S., Qin F., Peng H., Lai Y., Lin Y. (2010). Removal of humic substances from landfill leachate by Fenton oxidation and coagulation. "Process Safety and Environmental Protection", 88(4), 276-284. DOI:10.1016/j.psep.2010.03.002

Xu X.R., Zhao Z.Y., Li X.Y., & Gu J.D. (2004). Chemical oxidative degradation of methyl tertbutyl ether in aqueous solution by Fenton's reagent. "Chemosphere", 55, 73-79. DOI:10.1016/j.chemosphere.2003.11.017

Yabroudi S., Alem Sobrinho P., Morita D., Matos Queiroz L., & Amaral M. (2010). Aplicabilidad del proceso de nitritación/desnitritación en el tratamiento de lixiviado de relleno sanitario. "Interciencia", 35, 921-926

Yilmaz T., Aygün A., Berktay A., Nas B. (2010). Removal of COD and colour from young municipal landfill leachate by Fenton process. "Environmental technology", 31(14), 1635-1640. DOI:10.1080/09593330.2010.494692

Yokoyama L., Campos, J.C., Moura D.A.G., Costa A.P.M., Cardillo, L. (2009). Ammonia removal from landfill leachates by air stripping, Twelfth International Waste Management and Landfill Symposium, Cagliari, Italy, October 5-9.

Yoo Hee-Chang, Cho Soon-Haing, y Ko Seok-Oh (2001), Modification of coagulation and Fenton oxidation processes for cost-effective leachate treatment. "Journal of Environmental Science and Health", Part A, 36(1), 39–48. DOI:10.1081/ese-100000470

Zambrano, J., Medina, luis, Armado, A., Jiménez, J., & Valbuena, O. (2017). Síntesis de ésteres metílicos de ácidos grasos (biodiesel) a partir de grasa de pollo usando lipasas bacterianas. "Ciencia", 23(4). Consultado el 01/05/2021 de https://produccioncientificaluz.org/index.php/ciencia/article/view/22320

Zhang G., Qin L., Meng Q., Fan Z., Wu D. (2013). Aerobic SMBR/reverse osmosis system enhanced by Fenton oxidation for advanced treatment of old municipal landfill leachate. "Bioresource technology", 142, 261-268. DOI: 10.1016/j.biortech.2013.05.006

Zhang H., Choi H. J., Huang, C. P. (2006). Treatment of landfill leachate by Fenton's reagent in a continuous stirred tank reactor. "Journal of hazardous materials", 136(3), 618-623. DOI:10.1016/j.jhazmat.2005.12.040

Zhang H., Choi H. J., Huang C. P. (2005). Optimization of Fenton process for the treatment of landfill leachate. "Journal of Hazardous Materials", 125(1), 166-174. DOI:10.1016/j.jhazmat.2005.05.025.

yes
I want morebooks!

Buy your books fast and straightforward online - at one of world's fastest growing online book stores! Environmentally sound due to Print-on-Demand technologies.

Buy your books online at
www.morebooks.shop

¡Compre sus libros rápido y directo en internet, en una de las librerías en línea con mayor crecimiento en el mundo! Producción que protege el medio ambiente a través de las tecnologías de impresión bajo demanda.

Compre sus libros online en
www.morebooks.shop

info@omniscriptum.com
www.omniscriptum.com

Printed by Books on Demand GmbH, Norderstedt / Germany